Oliver Groß

Spurwechsel – Jetzt mach ich es!

Mit der Notizbuch-Strategie finden Sie Ihre Lösung

Zur Erinnerung an den Sommer in Erlangen

O. Groß

BusinessVillage
Update your Knowledge!

Oliver Groß
Spurwechsel – Jetzt mach ich es!
Mit der Notizbuch-Strategie finden Sie Ihre Lösung
BusinessVillage, Göttingen 2009
ISBN: 978-3-938358-89-4

Bestellnummer
Druckausgabe Bestellnummer PB-787
ISBN 978-3-938358-89-4

Bezugs- und Verlagsanschrift
BusinessVillage GmbH
Reinhäuser Landstraße 22
37083 Göttingen
Telefon: +49 (0)551 2099-100
Fax: +49 (0)551 2099-105
E-Mail: info@businessvillage.de
Web: www.businessvillage.de

Layout und Satz
Sabine Kempke

Illustrationen im Buch
Philipp Groß

Inhalt

Danksagung

Ich bedanke mich für die großartige Unterstützung bei meinem Freund, Geschäftspartner und Lehrer Dr. Klaus Fallenstein, dessen Anteil an dem Buch gar nicht groß genug zu bewerten ist. Ohne seine Ideen, Fragen, Hinweise und Aufklärung wäre es mir nicht möglich gewesen, dieses Buch in einer so kurzen Zeit schreiben zu können. Lieber Klaus, ich danke dir!

Über den Autor

Oliver Groß, geboren 1959, Rhetor, Autor und Publizist

„Dann fahre ich die nächsten 40 Jahre auf demselben Gleis!“ Eine Erkenntnis, die Oliver Groß den Karriere-Kick brachte. Mit nur 22 Jahren wurde er Mitglied der Geschäftsleitung eines mittelständischen Unternehmens, übernahm Verantwortung für 350 Mitarbeiter und studierte nebenbei Kommunikationspsychologie und Philosophie. In dieser Zeit begann er auch, mit Notizbüchern zu experimentieren und stellte fest, dass diese unscheinbaren Helfer Großes bewirken: Sie helfen Lösungen und Auswege zu finden und eröffnen sogar ganz neue Perspektiven – die Geburtsstunde der NOTIZBUCH-STRATEGIE.

Neben der beruflichen Tätigkeit als Führungskraft hat er eine Trainerausbildung in Kommunikation und Führung bei namhaften Instituten absolviert und lernte die philosophische Idee bei Dr. Klaus Fallenstein kennen und schätzen.

Kontakdaten

Oliver Groß
E-Mail: info@notizbuchstrategie.de
Web: www.notizbuchstrategie.de

„Du kannst niemals ein guter anderer sein“

Als Kind träumten wir, erwachsen zu werden und dann alles anders zu machen als die Erwachsenen, die uns aufzogen, erzogen, als die Gesellschaft, die uns in Klischees presste. Wir wollten groß werden, etwas zu sagen haben und dann die Welt vom Kopf auf die Füße stellen. Würden alle Kinder, die so dachten, nur ein Zehntel ihrer Träume später auch verwirklichen, wäre die Erde fast ein Paradies. Warum tun sie, die gestern oder vorgestern erwachsen geworden sind, aber gerade das nicht? Warum werden wir allen Träumen und Idealen untreu? – Wünsche, Gedanken und Ideen, die zweifellos richtig waren, weil sie aus einem kindlichen Gemüt entstanden.

Was hindert uns daran, diesen Garten Eden zu betreten?

Vielleicht haben Sie sich diese Frage auch schon oft gestellt. Für mich steht eines definitiv fest. Jeder Mensch hat nicht nur Sehnsucht danach, sondern jeder Mensch hat auch das Potenzial dazu, es zu tun. Und genau da sind wir bei dem Punkt, was uns hindert, nämlich die Tatsache, dass wir nicht so sind, wie wir gerne sein würden bzw. wie wir wirklich sind. Das ist nicht neu, schon der englische Mathematiker und Philosoph Bernd Russell bemerkte: Es ist für das Glück eines Menschen wesentlich, dass seine Lebensweise seinen eigenen tiefen Impulsen (Anmerkung des Autors: Werten, Idealen, Träumen, Talenten, Fähigkeiten etc.) angepasst ist und nicht den zufälligen Neigungen und Wünschen seiner Nachbarn (Anmerkung des Autors: Chefs, Gesellschaft, Politik etc.) oder auch Verwandten.

Wir haben uns angepasst, zum Teil darauf eingelassen, was andere uns sagen. Das taten wir im guten Glauben, dass dies so von uns verlangt wird und wir nur so zum Glück kommen. Aber wer bestimmt unser Glück? Wer weiss was uns glücklich macht? Doch nur wir selbst. Im günstigsten Fall wissen unsere engsten Verwandten und Freunde, was uns Freude bereitet oder was uns glücklich macht. Doch Hand aufs Herz, meist wissen sie auch nicht wirklich alles, oder?

Haben Sie den Mut, wieder wie ein Kind zu denken, sich Ideale zu betrachten und lassen Sie Ihre Gedanken einmal Purzelbäume schlagen. Trauen Sie sich, zu träumen wie in Ihrer Jugend, und Sie werden die Welt in anderen Farben sehen. Der Chef ist nicht mehr der liebe Gott, sondern macht in Unterhosen vielleicht eine schlechtere Figur als Sie. Der Stress verliert seinen Schrecken wenn Sie erkennen, dass Perfektionismus eine Illusion ist, die nur Hektik zur Auswirkung hat. Trauen Sie sich in den Garten Eden, der voll war mit Liebe, Harmonie, Überfluss und Freiheit und Werten. Trauen Sie sich zu SEIN, wie Sie wirklich SIND! Finden Sie Ihre Lebensspur. Damit es Ihnen leichter fällt, habe ich die NOTIZBUCH-STRATEGIE entwickelt, weil es mir genauso ging wie Ihnen. Ich habe Erwartungen erfüllt, mich verbogen für andere, um zu gefallen, um keine Kritik zu ernten und um angeblich stressfrei durchs Leben zu gehen. Das Gegenteil war der Fall: Ich habe erkannt, dass das Verbiegen und das Erfüllen von Erwartungen nicht nur Stress pur war, sondern es hat auch meine Lebensqualität gemindert.

Durch die **NOTIZBUCH-STRATEGIE** habe ich gelernt, der zu SEIN, der ich BIN. Das Ergebnis dieses Spurwechsels war, dass ich heute glücklicher bin und mehr Lebensfreude habe als zuvor. Ich habe meine Wünsche formuliert und den Tatsachen ins Auge geschaut. Es ist wie ein Akt der Erkenntnis. All denjenigen, für die Erfolg noch das Wichtigste ist, kann ich sagen, dass ich mehr Erfolg habe, als jemals zuvor. Sicher schon deswegen, weil ich gelernt habe Erfolg für mich neu zu definieren. Ich kann Ihnen versichern, dass dies nicht immer so war und dass es eine Zeit gebraucht hat. Die Kunst besteht darin, der Versuchung zu widerstehen, jemand anders sein zu wollen. Doch wie können Sie das erreichen? Genau darum geht es in diesem Buch. Das heißt, wenn Sie Ihre Werte und Ihr damit verbundenes eigenes ICH finden und auch danach leben, können Sie in Ihren persönlichen Garten Eden wieder einziehen. Verwenden wir doch mal die Geschichte vom Garten Eden, verbunden mit der Frage, warum die ersten Menschen aus dem Garten Eden vertrieben wurden? Kann es sein, dass Adam und Eva den Garten verlassen mussten, weil sie die Werte und das eigene Ich missachtet haben? „Ist das nicht ein Widerspruch", wurde ich einmal gefragt: Haben die Menschen nicht auch hier eine Erwartung erfüllen müssen? Weil sie dies nicht getan haben, mussten sie den Garten Eden verlassen.

Im ersten Moment musste ich diesem Argument zustimmen. Doch betrachten Sie es einmal nicht religiös, sondern einfach als Lebenslogik. Die Menschen hatten einen freien Willen – konnten also SEIN, wer sie SIND! Das Gebot, nicht die Frucht eines bestimmten Baumes zu essen, war nichts anderes als die klare Botschaft: SEI der, der DU bist, und versuche nicht ein anderer (in dem Fall Gott) zu sein. Jetzt bekamen die Menschen aber das Angebot, wenn sie von dieser Frucht essen, so zu sein wie Gott! Sie nahmen das verlockende Angebot an und mussten die Folgen tragen. Viele Religionen betrachten diesen Vorgang als Strafe Gottes. Könnte es nicht sein, dass diese Geschichte die Weisheit der Menschheit ist, das heißt eine klare Botschaft, die zudem gleich auch die Konsequenz aufzeigt? Die Konsequenz, wenn du nicht deinen eigenen Impulsen und Werten folgst, verlierst du deine Lebensqualität. Der Garten Eden von heute ist nichts anders als Ihr Leben und die NOTIZBUCH-STRATEGIE Ihre persönliche Navigation. Genau darum geht es, Sie sollen nicht SEIN wie ein ANDERER, Sie sollen SEIN, wie Sie SIND, egal, was andere sagen.

Viel Spaß und Erfolg!

Ihr

Die vier Schritte der NOTIZBUCH-STRATEGIE

Ich möchte Sie mit diesem Buch für drei Dinge begeistern: Das Schreiben in eigener Sache, Freude daran haben, sich mit sich selbst und seinem Leben auseinanderzusetzen, und die Möglichkeit, sein Leben selbst in die Hand zu nehmen. Als Ergebnis wünsche ich Ihnen, dass Sie mit noch mehr Selbstbewusstsein, Selbstsicherheit und Souveränität nach Ihren eigenen Werte- und Lebensvorstellungen leben werde. Dieses Buch ist in die vier Teile (fünf Kapitel) der NOTIZBUCH-STRATEGIE gegliedert: Grundsätzliches, Tatsächliches, Erforderliches und Mögliches.

Im ersten Kapitel (Grundsätzliches) finden Sie erste grundsätzliche Gedanken zu dem Thema: „Veränderung – Spurwechsel“. Im zweiten Kapitel (Tatsächliches) werden Sie wichtige Impulse bekommen, wie Sie mit sich und Ihren Gedanken arbeiten können. Im dritten Kapitel (Erforderliches) werden Sie dann die NOTIZBUCH-STRATEGIE und das Sudelbuch kennenlernen. Im vierten Kapitel (Mögliches) werden wir gemeinsam einige Lebensthemen erarbeiten und im letzten fünften Kapitel habe ich einige Tipps für Sie parat. Das Buch ist so geschrieben und unterteilt, dass es immer wieder hervorgeholt werden kann und Sie sich, je nach Verfassung, Frage oder Stimmung, die einzelnen Kapitel gesondert anschauen, lesen und damit arbeiten können. Ein Buch für immer, denn Sie können es so oft schreiben, wie Sie es möchten, Sie brauchen sich nur ein Notizbuch zu kaufen. Echtheit, Authentizität oder einfach nur Ich selbst, es ist egal, wie Sie es nennen, Sie haben recht, wenn Sie sagen, genau darin liegt das Lebensglück.

Die vier Schritte der NOTIZBUCH-STRATEGIE

Der Vordenker

1. Schritt

Grundsätzliches
Erlangen Sie Klarheit über sich! Welche Wünsche, Ziele haben Sie? Nutzen Sie Ihre Werte als Entscheidungsfundament – der Königsweg zu mehr Selbstsicherheit, Souveränität und Selbstbewusstsein!

Der Kritiker

2. Schritt

Tatsächliches
Gewinnen Sie neue Erkenntnisse über ihre (Lebens-)Situation. Lernen Sie die tatsächlichen Hindernisse kennen und werden Sie sich Ihrer Stärken bewusst!

Der Macher

3. Schritt

Erforderliches
Was benötigen Sie wirklich, damit Ihre Wünsche und Ziele Wirklichkeit werden?

Der Mentor

4. Schritt

Mögliches
Die Lösung liegt auf der Hand. So geht`s – Ihr persönlicher Weg zur Umsetzung.

Die 4 Schritte mit den 6 „Be“ und Reflexionsfragen als Karten

Legen Sie die Karten neben sich hin und machen Sie sich mit den Begriffen vertraut. Sie werden sie später als Orientierung nutzen und als eine Unterstützung bei Ihrer Strategie erfahren. Es sind Impulse und nicht wenig Teilnehmer, habe Ihre Frageimpulse erweitert und auf Ihre Bedürfnisse zugeschnitten.

Machen Sie sich mit den Karten vertraut und lassen Sie sie einfach auf sich wirken. Zu einem späteren Zeitpunkt werden Sie die Schritte, die 6 „Be“ und die Reflexionsfragen genau erläutert bekommen.

Für unterwegs kurz und bündig!

	Die 6 „Be“
Grundsätzliches	• Be-schreiben = Was wollen Sie? • Be-sinnen = Werte und Sinn schaffen
Tatsächliches	• Be-trachten – Wahrnehmung – Erinnerung?
Erforderliches	• Be-stimmen – Der Rahmen ist die Orientierung
Mögliches	• Be-gegnen – Wo benötige ich Unterstützung? Helfern begegnen • Be-gründen – (von Gründung) Wie setze ich mein Vorhaben um?

Für den Schreibtisch

Im Schritt	Die 6 „Be“	Reflexionsfragen
Grundsätzliches heißen die Aufforderungen	Be-schreiben = Was wollen Sie? Be-sinnen = Werte und Sinn schaffen	d. Habe ich meine Wertevorstellung klar formuliert? e. Entspricht das meiner Wertevorstellung? f. Welchen Sinn soll meine Aufgabe haben?
Tatsächliches heißt die Aufforderung	Be-trachten – Wahrnehmung – Erinnerung?	f. Ist das wirklich so? g. Woher weiß ich das?
Erforderliches heißt die Aufforderung	Be-stimmen – Der Rahmen ist die Orientierung	a. Ist das nützlich? b. Hilft mir meine Maßnahme wirklich weiter? c. Ist das mit meinem GRUNDSÄTZLICHEN vereinbar?
Mögliches heißen die Begriffe	Be-gegnen – Wo benötige ich Unterstützung? Helfern begegnen Be-gründen – (von Gründung) Wie setze ich mein Vorhaben um?	a. Ist das für mich vorstellbar (realistisch)? b. Ist mein Plan konkret formuliert?

1. Kapitel
Grundsätzliches – Sind wir, wer wir sind?

Der Vordenker

Wer bin ich? Oder: Du bist du und ich bin ich!

Kennen Sie das Gefühl, unter die Räder zu kommen? Wünsche, Anforderungen und Probleme des täglichen Lebens prasseln auf Sie ein. „Arbeiten Sie an Ihrer Persönlichkeit“ – „Das werden Sie schon hinbekommen“ – „Das muss ich schaffen“, ...! Müssen Sie wirklich? Nein, müssen tun Sie gar nichts, mal abgesehen davon, wenn Sie wirklich mal müssen, aber das ist was anderes. Sie halten nun dieses Buch in Ihren Händen, um den wohl ungewöhnlichsten und erfolgreichsten Weg kennenzulernen, wie Sie ihr Leben in Zukunft eigenverantwortlich und selbstbestimmt gestalten können. Dieses Buch ist ein Werkzeug in Ihrer Hand, das durch Klarheit und Einfachheit besticht und Ihnen Impulse gibt. Mal werden Sie schmunzeln, mal wird Ihnen nachdenklich zumute sein, doch eines verspreche ich Ihnen, Sie werden zu jeder Zeit frei entscheiden können. Viel zu oft erlebe ich es, dass Menschen in Rollen schlüpfen. Das mag beim ersten Hinschauen auch gut aussehen und nicht wenige nehmen an, dass dies auch so gefordert ist. Doch durch das Verbiegen seiner eigenen Persönlichkeit werden oft die wahren Potenziale nicht hervorgebracht. Mit der NOTIZBUCH-STRATEGIE werden Sie Ihre momentane Lebensspur erkennen. Sie haben die Möglichkeit, diese Spur zu optimieren, zu korrigieren und zu wechseln – also dahin zu kommen, wo Sie auch gerne hinmöchten und vor allem hingehören. Und zwar ohne Reue für das Vergangene, denn ich werde Ihnen beweisen, dass Ihre Vergangenheit gut war und Sie diese auch genau so erleben mussten. Auch wenn es manchmal hart war, es war wichtig.

Es sind Ihre Erfahrungen, es ist Ihre Entwicklung und die werden wir als Ihr Lebens-Kapital mit einsetzen. Deshalb möchte ich zunächst über das Wort „ICH" sprechen und warum dieses kleine Wort solch große Bedeutung für die NOTIZBUCH-STRATEGIE hat. Es wird Ihnen sicher sehr schnell auffallen, dass Sie in nur ganz seltenen Fällen das Wort „man" lesen werden – die Ausnahmen bilden Zitate und wörtliche Wiedergaben, weil das so sein muss. Ansonsten finden Sie kein „man" in diesem Buch und das zu Recht. Das Wort **„man"** ist die Verleugnung des ICHs und damit seiner eigenen Identität. Man meint, man macht dieses oder jenes oder man macht es nicht – was aber meine ICH? Was will ICH machen und was beschließe ICH zu tun und nicht zu tun? Das „man" drängt das ICH in die zweite Reihe, weil ICH keine Verantwortung für mein Denken, Fühlen und Handeln übernehmen kann. Das Gegenteil von „man" ist Verantwortung und Selbstbestimmung! Hören Sie auf Ihre Worte und auf das, was Sie mit Ihrem ICH verbinden. Immanuel Kant sprach von der Mündigkeit bzw. von der Befreiung aus der selbstverschuldeten Unmündigkeit und forderte: „Sapere aude" – Habe Mut, dich deines eigenen Verstandes zu bedienen! Doch dabei beließ er es nicht, sondern er selbst stellte sich folgende Fragen, die als Kantische Fragen in die Geschichte eingingen.

1. Was kann ich wissen?
2. Was soll ich tun?
3. Was darf ich hoffen?

Kant hatte sogar noch eine weitere Frage, die für mich eine Abrundung darstellt: Was ist der Mensch? Kant fragte **nicht**: Was kann man wissen? Was soll man tun?

Was darf man hoffen? Nein, er wählte die ICH-Form, weil er davon überzeugt war, dass sich der Mensch aus seiner selbstverschuldeten Unmündigkeit befreien sollte und das geht mit „man“ überhaupt nicht. Deshalb heißt unsere Überschrift auch: „Wer bin ich?“ – und nicht – „Wer ist man?“ Jetzt verstehen Sie sicher, warum es so wichtig ist, über die eigene Persönlichkeit zu sprechen und sich damit auseinanderzusetzen.

Behutsam und mit kleinen, aber stetigen Schritten werden Sie sich schon in kürzester Zeit neu positionieren können, Ihrer Persönlichkeit ganz authentisch Ausdruck verleihen und die Vorstellungen Ihrer Lebensidee umsetzen können. Ganz neue und andere Möglichkeiten entdecken, die richtigen Entscheidungen ableiten und Ihre persönlichen Lösungen umsetzen, ob im Beruf oder privat. Dabei wird Ihre persönliche Werteorientierung eine ebenso bedeutende Rolle spielen wie Ihre Träume und Sehnsüchte und auch Ihre Erfahrungen werden berücksichtigt, denn all das sind wichtige Elemente, womit Sie Ihre eigenen Lösungen finden werden. Diese Vorgehensweise gewährleistet, dass Sie sich in Zukunft von all den Parolen, Tricks und den Sprüchen verabschieden können. Sie brauchen auch dem Wort „Problem“ keine anderen Namen wie Herausforderung oder Chance mehr zu geben. Mit diesem Weg werden Sie in der Lage sein, das Wesentliche an einem Problem zu erkennen und in den Griff zu bekommen. Sie werden ein Problem einfach akzeptieren und damit umgehen.

Was Sie kaum finden werden, sind Antworten!

Am Anfang stehen immer Fragen. Deshalb werde ich Sie nach Ihrem Denken, Fühlen und Handeln fragen, denn, und davon bin ich zutiefst überzeugt, die Antworten sind bei Ihnen. Ich habe erfahren dürfen, dass die wirklichen Freunde und die wirklich lebenserfahrenen und klugen Menschen mir niemals Antworten gegeben haben. Nein, sie haben mir immer Fragen gestellt und das habe ich übernommen. Vielleicht werden Sie Fragen entdecken, die Sie sich so noch nie gestellt haben. Fragen an Sie gerichtet, über sich selbst, über andere, beruflich wie privat. Damit Ihnen das auch Spaß macht und Sie motiviert sind, sich mit sich selbst auseinanderzusetzen, werde ich Ihnen Beispiele geben. Aus dem wirklichen Leben, durch Geschichten und Weisheiten, die Sie für sich beurteilen und werten können, denn nur Sie allein können sich die Antworten auf Ihr Leben und Ihre Ziele geben. Warum bekommen Sie keine klaren Antworten, Methoden oder Wege beschrieben? Jeder Mensch ist anders, also individuell! Das ist Fakt! Wenn jetzt hundert Menschen dieses Buch lesen, haben wir hundert verschiedene Charaktere, Lebensarten, Eigenheiten, Potenziale. Selbst wenn ein Teil der Leser ähnliche oder gleiche Fähigkeiten besäße, würden sie doch in hundert verschiedenen Formen genutzt. DU bist DU! Dieser Aussage können Sie jetzt nicht widersprechen, es IST so! Das gilt aber jetzt nur für diesen einen Satz. Du bist Du, dieser Satz ist also gültig und klar, weil Sie jetzt ihn für sich lesen. Wenn Ihr Ehepartner, Freund oder Arbeitskollege jetzt in Ihrem Buch diesen selben Satz lesen würde, ist er ebenfalls für denjenigen gültig! Das ist logisch, oder? Wenn ich aber schreibe: „Wenn du diesen Weg gehst, den ich dir jetzt sage, wirst du glücklich", ist dieser Satz nicht mehr allgemein gültig. Er könnte für Sie zutreffen oder nicht. Genauso ist es für Ihren Mitleser, er kann für ihn zutreffen oder aber auch nicht. Das liegt an der Individualität und genau deshalb macht es SINN, dass Sie durch Fragen zu Ihren eigenen Antworten und Lösungen finden und Ihren eigenen Weg gehen. Denn jeder Weg ist ein anderer. Jeder hat ein anderes Motiv, ein anderes Bild von seinem Leben, eine andere, ganz eigene Art, Dinge zu erleben. Was dem einen zum Erfolg verhilft, kann für den nächsten bedeuten, dass er sich verbiegen müsste und eben nicht zum Erfolg kommt.

Vor 15 Jahren begann ich eine Strategie zu entwickeln, die sich allen Lebenssituationen mit so natürlichen Sehnsüchten und Wünschen – wie zum Beispiel Werten, Authentizität, Lebensinn, Verwirklichung, Selbstsicherheit, Selbstbewusstsein, Selbstwert, Erfolg, Karriere und dem so verhassten Problem – ohne Tricks und doppelten Boden stellen kann. Die NOTIZBUCH-STRATEGIE kennt keine Pauschale und keine sogenannte Gesetzmäßigkeit, sondern nur die individuelle Lebenswelt, in diesem Fall Ihre persönliche Lebenswelt. Das Besondere an dieser Strategie ist, dass Sie diese auch für andere Wissens- und Lernbereiche anwenden können, für fast alle Lebensbereiche, ob privat wie zum Beispiel Familie/Kinder, Wohlstand/Glück, Anerkennung/Status, Gesundheit/Lebensfreude oder auch im Beruf wie Unternehmens- oder Mitarbeiterführung, im Konfliktfall, bei Innovationsfindung, Persönlichkeitsentwicklung oder Krisenbewältigung.

Egal, was andere sagen!

Egal, was Sie machen, es gibt immer welche, die es anders sehen. Genau deshalb ist es ein ziemlich unsinniges Unterfangen, es jedem Recht machen zu wollen. Was wollen Sie und was wollen Sie nicht, was gehört zu Ihnen und was nicht, das ist die Frage! Wann immer sich eine Möglichkeit ergibt, stelle ich an meine Gesprächspartner sehr gerne folgende Frage: *„Stellen Sie sich einmal vor, Sie könnten Ihr Leben so gestalten, wie Sie es sich schon immer erträumt haben. Sie müssten auf niemanden und nichts Rücksicht nehmen, sondern wären nur sich selbst verpflichtet. Es gibt niemanden, dem Sie Rechenschaft schulden. Sie können es so gestalten, wie Sie es möchten!* ***Die einzige Bedingung:*** *Sie bekommen nichts geschenkt, das heißt, Sie benötigen eine Beschäftigung, um Ihren Lebensunterhalt zu bestreiten. Sie können nur das wählen, was auch Ihren Fähigkeiten entspricht."* Frage ich hinterher meine Gesprächspartner oder Teilnehmer, haben sie eine erstaunliche Entdeckung gemacht. Meist fielen den Teilnehmern sofort Fragen ein: Warum habe ich überhaupt diesen Beruf? – Ein anderer würde mir doch viel mehr geben! Warum lebe ich hier? – Ich würde lieber in einer ganz anderen Stadt leben! Warum habe ich diese oder jene Rituale? – Im Grunde würde ich meinen Tag ganz anders gestalten! Warum lebe ich so und nicht wie ich es gerne möchte? Usw.

Sie brauchen diese Fragen im Moment nicht beantworten, denn im vierten Kapitel werden wir gemeinsam viele Übungen machen. Sie werden durch das systematische Vorgehen entdecken, wie Sie sich Ihr Leben so entwerfen können, wie Sie es gerne hätten, egal, was andere sagen. Sicher sind diese Übungen provokant und hören sich im ersten Augenblick vielleicht sehr egoistisch an, doch ich beweise Ihnen, dass Sie sich diese Aussage leisten können und sie genau das Gegenteil von Egoismus ist. Warum? Sie haben sich nicht nur dazu entschlossen, Ihre Lebensspur zu überprüfen und vielleicht einen Spurwechsel vorzunehmen, sondern sich auch mit Ihren Sehnsüchten und Werten auseinanderzusetzen. Deshalb weiß ich, dass bei all dem, was Sie für sich und Ihr Leben beschließen, niemand zu Schaden kommt, denn Rücksicht und Dankbarkeit, Herzlichkeit und Menschlichkeit (darüber reden wir noch) werden Ihre ständigen Begleiter. Falls Sie Bedenken haben, dass Sie dabei etwas übersehen könnten, kann ich Sie beruhigen, die NOTIZBUCH-STRATEGIE sorgt dafür, dass dieses nicht geschieht – denn ihr Fundament sind die Werte des Anwenders, die Herzlichkeit des Miteinanders und der Respekt gegenüber dem Anderen. Das macht einen Spurwechsel oder das Vorhaben, seinem Leben eine Wende zu geben, scheinbar nicht immer so einfach.

Jetzt haben Sie damit begonnen, Ihre Sehnsucht, Ihren Traum Realität werden zu lassen, und das ist doch ein guter Anfang. Was möchten Sie zuerst Realität werden lassen? Natürlich können Sie jetzt fragen: „Wo fange ich an: in der Firma, zu Hause, im Verein oder ...? So beginnt es meistens, mit viel Schwung und Elan möchte jeder gerne seinem Leben eine Wende geben. Ab morgen wird alles anders, besser, bewusster, zielorientierter und, und, und. Kann ich meine Sehnsucht, meinen Lebenstraum zur Realität machen? Und wenn es ginge, würden Sie es gerne tun? Wie oft habe ich das erlebt, wie oft habe ich mir vorgenommen, ab morgen wird alles anders. Wie oft habe ich mich auf den nächsten Tag gefreut, um einfach ICH zu sein, was auch eine Weile funktionierte. Doch nur so lange bis ich mir die Fragen stellte, oder ich sollte besser sagen, bis die Zweifel kamen: „Was werden wohl die anderen sagen, wie werden sie es sehen, wollen die mich überhaupt so? Aus diesen Versuchen habe ich etwas lernen dürfen: Du kannst nicht alles auf einmal ändern. Nur eine systematische und schrittweise Veränderung hat auch Erfolg.

Sie haben es jetzt in der Hand, Ihr Leben so auszurichten, dass Sie sich treu sein dürfen, mit all Ihren Fähigkeiten und Vorstellungen von Leben, Beziehung und Erfolg. Und was werden die anderen sagen? Egal, was andere sagen, es ist Ihr Leben! Die Frage, die sie sich jetzt stellen sollten, ist: „Was möchten Sie mit Ihrem Leben anfangen, wie gestalten?“ Diese Frage kann sich jeder stellen, aber nur einer beantworten, SIE selbst! Was ist Ihnen wichtig im Leben? Freunde haben, Gesundheit, Herzlichkeit, Wärme, Anerkennung, Gerechtigkeit, Treue, Vertrauen, Zutrauen, Selbstverwirklichung? Denken Sie daran, Sie agieren mit Ihrer Idee, mit Ihren Werten und Ihrer Konsequenz. Sie bestimmen, wie andere in Zukunft mit Ihnen umgehen sollen. Haben Sie dennoch im Moment etwas Zweifel oder sollten Sie etwas zaghaft sein, gar Ängstlichkeit verspüren, Sie sind ein Mensch aus Fleisch und Blut und deshalb möchte ich Ihnen noch eine Erfahrung von mir schenken: Ich habe in meiner Tätigkeit als Manager sehr häufig nach einer Tagung zu den Geschäftsführern (die sich darüber sorgten, einen Gesichtsverlust zu erleiden) der einzelnen Filialen Folgendes gesagt: „Wir haben einige Änderungen besprochen und wenn Sie nun in die Filialen zurückgehen, werden einige Mitarbeiter dies werten, als hätte ich Sie zurechtgerückt oder Ihnen gar den Kopf gewaschen ,nur weil Sie entgegen früherer Handlungen jetzt anders entscheiden. Wie lange werden sie hinter Ihrem Rücken tuscheln, vielleicht Sie belächeln? Einen Tag, zwei Tage oder gar vier Tage ? Doch wenn Sie es durchhalten, dann haben Sie in spätestens vier Tagen Ihr Ziel erreicht!"

Die NOTIZBUCH-STRATEGIE ist ein Werkzeug, das genau diese Beharrlichkeit und das Durchhaltevermögen unterstützt. Also, haben Sie Mut zu IHREM Leben und zu sich SELBST, zu dem, was Sie sich wünschen. Da es Ihr Leben ist, haben Sie ein Recht darauf, es auch so zu gestalten, wie Sie sich dabei wohlfühlen. Ich möchte Ihnen an dieser Stelle gratulieren, Sie haben den ersten Schritt getan. Sicher haben sich jetzt schon nach nur wenigen Zeilen eine Menge Impulse und Gedanken breitgemacht. Vielleicht sind Sie auch im Moment etwas irritiert und fragen sich, was denn die Antworten auf die Fragen sind. Ich sagte Ihnen am Anfang, ich will Ihnen Impulse geben und keine Ratschläge, Sie alleine haben die Antworten. Sie haben im ersten Teil gesehen, die Träume und Wünsche, die Sie haben, sind schön und legitim, die dürfen Sie haben. Sie haben gesehen, dass Sie kein Träumer sind sondern ein Mensch, der es wagt, er selbst zu SEIN, egal, was andere sagen und wollen, und damit dies so bleibt, möchte ich mit einigen Irrtümern und Mythen aufräumen und Ihnen eine neue Sichtweise ermöglichen, die Sie benötigen, damit aus den Wünschen Wirklichkeit wird und es nicht bei Träumen bleibt.

Die Illusion der Unabhängigkeit

Der Wunsch nach Unabhängigkeit gehört bei vielen Menschen ganz nach oben auf die Wunschliste und genau deshalb möchte ich darauf Ihre Aufmerksamkeit lenken. Ach, wie schön wäre es, doch unabhängig zu sein! Waren die Menschen von damals nicht total abhängig von anderen? Nehmen wir die Bauern von einst. Sie besaßen meist nicht mal das Feld, das sie bewirtschaftet haben, sie hatten auch nicht die Mittel und Möglichkeiten, die ein Landwirt von heute hat. Denken wir nur mal an Gewächshäuser, Traktoren, Bewässerungsanlagen und vor allem an eine fast minutengenaue Wettervorhersage. Sie waren nicht nur von ihren Lehnherren abhängig, sondern der Wetterlage fast hilflos ausgeliefert. Aber waren sie deswegen unglücklicher? Schauen wir in unsere Zeit mit ihren sagenhaften Errungenschaften, die uns Unabhängigkeit versprechen. Seit es das Zeitmanagement gibt, hat keiner mehr Zeit. Ist es nicht merkwürdig? So scheint das mit vielen, wenn nicht den meisten, Errungenschaften zu sein. Sie suggerieren uns Unabhängigkeit, Freiheit und Selbstständigkeit, doch das genaue Gegenteil scheint der Fall zu sein. Nehmen wir doch nur einmal solch alltägliche Dinge wie Strom, das Handy, Internet, den Computer oder das Auto. Stellen Sie sich einmal vor, wie Ihr Leben aussehen würde, wenn jetzt kein Strom mehr zur Verfügung steht. Ich denke dann sofort an meinen heiß geliebten Espresso. Wenn ich ihn nicht mehr trinken könnte – welch eine Tragik! Nehmen wir das Handy, wie oft habe ich Teilnehmer auf Seminaren erlebt, die fast in Panik geraten sind, weil ihr Handy für ein paar Stunden keinen Empfang hatte. In jeder Pause sind sie nach draußen und oft viele

Meter gelaufen, um zu schauen, ob jemand angerufen hatte, und dabei spielten Kälte, Regen, Schnee und Eis überhaupt keine Rolle mehr, wow! Ein Mitarbeiter eines Internetanbieters berichtete mir, wie Menschen reagieren, wenn das Internet nicht funktioniert. Interessant daran war vor allem die Aussage: „Wenn um 09:00 Uhr die Leitung zusammenbricht, rufen die ersten schon um 09:01 Uhr an und egal wer anruft, alle versichern, dass ihre Existenz bedroht ist, weil ihr Internet nicht funktioniert." Ich hoffe, dass Sie zu denen gehören, die darüber nur schmunzeln können, oder? Zumindest solange alles funktioniert.

Das sind genug Gründe, denke ich, doch einmal grundsätzlich darüber nachzudenken, ob es so etwas wie absolute Unabhängigkeit gibt. Dazu möchte ich das Beispiel eines Philosophen bemühen, Diogenes von Sinope. Ich mag diesen verschrobenen Gesellen sehr gerne, zumal sich viele Mythen und Legenden um ihn ranken. Seine Philosophie bestand im Wesentlichen darin:

Glücklich kann nur der werden, der seine Bedürfnisse auf ein Minimum reduziert und damit zur Autarkie, also zur absoluten Freiheit, gelangt. Jetzt war dieser Diogenes einer, der nicht nur redete, nein, er lebte seine Philosophie vor. Ich glaube, er war der erste echte Aussteiger der Geschichte. Er lebte in seiner berühmten Tonne (was in Wirklichkeit ein pithos, also ein mächtiges Vorratsgefäß war) und besaß außer dem, was er am Leibe trug, nur noch eine Laterne und eine Holzschale, die er als Schöpfgefäß zum Trinken nutzte. Alles andere verneinte er vehement. Eines Tages allerdings sah er, wie ein Junge mit der hohlen Hand Wasser am Brunnen schöpfte und daraus trank.

Diogenes warf augenblicklich seine Schale weg und rief dabei: „Nun hat mich ein Kind an Bedürfnislosigkeit übertroffen."

Warum ich diese Geschichte erzähle? Ich möchte diesen Diogenes von Sinope und dessen Philosophie genauer betrachten. Wie war es möglich, dass er so konsequent in einem Fass wohnen konnte? Können Sie es sich hier in Deutschland vorstellen? Ja, vielleicht im Sommer, aber spätestens ab November wird es sicherlich sehr ungemütlich. Diogenes lebte in Athen, das heißt, die Wetterbedingungen waren ganz andere – und das ist einer der ausschlaggebenden Punkte. Auch Diogenes war also abhängig und zwar von einigen Faktoren. Zunächst war es das Wetter bzw. die Tatsache, dass er in einem Land lebte, das als gemäßigte bis warme Zone gilt. Dass er nicht arbeitete und sich das Essen erbettelte, benötigte ebenfalls einige Voraussetzungen. Da war es zunächst die Kultur der Griechen zu jener Zeit, die einem Bettler etwas gaben, es gehörte einfach zum Alltag. Des Weiteren war Diogenes so schräg und provokativ; würde er heute leben, hätte er sicher den Status eines Popstars, das heißt, viele Athener fanden seine Gestalt und seine Philosophie auch unterhaltsam und deshalb gaben sie gerne so eine Art Gage und damit arrangierte er sich. Genau das taten auch die von mir eingangs erwähnten Landwirte. Sie haben den Einklang mit der Natur gesucht und damit die Abhängigkeit so gut als möglich gestaltet. Kommen wir zurück in die Gegenwart und zu einem anderen Beispiel. Der Künstler, nehmen wir einen Bildhauer, mag beim ersten Hinschauen unabhängig sein, denn wann er was herstellt, kann er frei bestimmen. Doch er ist abhängig davon, ob seine Kunstwerke auch ausgestellt werden, und selbst wenn er die Ausstellung selbst in die Hand nimmt, braucht er Betrachter und was sicher nicht unerheblich ist, Käufer für seine Werke.

Das Suchen nach Unabhängigkeit ist im Grunde eine Illusion und auch gar nicht erstrebenswert, denn es führt zum absoluten Egoismus und damit zur Vereinsamung. So manche esoterische Lehren haben nur das ICH alleine im Zentrum ihrer Lehre und verneinen einen besonderen Teil unseres Ichs – den Wunsch und die Fähigkeit des sozialen Zusammenlebens. Die meisten Menschen entscheiden sich dafür, soziale Bindungen und Verpflichtungen einzugehen und wählen damit auch die Abhängigkeit und das ist auch vernünftig. Akzeptieren Sie Ihre Abhängigkeit, denn sie ist Teil Ihres Lebens. Diese Tatsache verneinen oder verdrängen zu wollen hieße, sich gegen das Leben zu entscheiden. Vielleicht klingt das im Moment hart und wenig ermutigend, doch ich möchte Ihnen die Möglichkeit in dieser Aussage aufzeigen. Wenn Sie nicht anerkennen, dass Sie von verschiedenen Faktoren wie Gesellschaft, Umwelt, Gesetzen, Familie etc. abhängig sind, kämpfen Sie gegen das bzw. Ihr Leben. Andersherum, wenn Sie die natürliche Abhängigkeit als Teil Ihres Seins akzeptieren, eröffnet sich für Sie eine großartige Chance. Sie können Ihr Leben gestalten und beginnen damit, die Freiheit zu wählen. Der freie Mensch arbeitet mit der Abhängigkeit und nicht gegen sie. Er gestaltet sie und geht damit verantwortungsvoll um. Freie Menschen wählen diese Selbstverantwortung, aus der sich das Selbstbewusstsein entwickelt und das Selbstwertgefühl wächst. Auch Sie zählen dazu, denn Sie haben sich für ein selbstbestimmtes Leben entschieden.

Puh, das war ein schwerwiegendes Thema, oder? Doch die NOTIZBUCH-STRATEGIE kann nur funktionieren, wenn Sie sich über manche Dinge klar geworden sind, nur dann kann sie auch erfolgreich sein. Apropos Erfolg!

Was bedeutet eigentlich ERFOLG?

Vielleicht haben Sie sich bei den letzten Artikeln gefragt, wie das überhaupt funktionieren kann? Ist es nicht so, dass wir uns immer den Spielregeln der Gesellschaft, der Unternehmen etc. unterwerfen müssen? Wenn Sie sich das gefragt haben, dann haben Sie soeben einen ersten Schritt getan und beginnen bereits, sich gekonnt mit sich auseinanderzusetzen. Warum? Ein wichtiger Bestandteil der NOTIZBUCH-STRATEGIE besteht darin, **unterscheiden** zu lernen. Natürlich ist es empfehlenswert, gesellschaftliche Normen und Regeln wie Pünktlichkeit, Fairness, Disziplin, Dienstbereitschaft, Verlässlichkeit, Loyalität, Solidarität, Gewissenhaftigkeit, Beständigkeit, Vernunft etc. einzuhalten! Wie aber lebe ich meine ganz eigenen individuellen Regeln wie Herzlichkeit, Menschlichkeit, Fürsorge, Toleranz, Freundlichkeit, Bestimmtheit und Wärme etc.? Deshalb unterscheide ich gerne zwischen den Regeln, die ich befolge, und denen, die ich selbst aufstelle und gestalte! Es geht darum, dass Sie durch Ihre Persönlichkeit die Normen und Regeln der Gesellschaft mitprägen, gestalten, unterstützen, aber vor allem mit Ihrer individuellen Persönlichkeit ergänzen. Also statt einem **Entweder-oder** ein **Sowohl-als-auch**! Das ist der Grund, warum die NOTIZBUCH-STRATEGIE systematisch aufgebaut ist, um eben nichts außer Acht zu lassen, sondern ein **Sowohl-als-auch** zu entwickeln. Es ist merkwürdig, aber sehr viele Menschen glauben, dass eine selbstbestimmte und authentische Persönlichkeit mit der Gesellschaft scheinbar nicht mehr kompatibel sein könnte. Verzeihen Sie mir bitte: Das ist ein ganz großer Blödsinn! Genau aus diesem Blödsinn heraus sind auch umgangssprachliche Formeln entstanden, die bei genauer Betrachtung genau dem widersprechen, wofür sie eigentlich geschaffen wurden. „Heute muss jeder knallhart sein, um durchs Leben zu gehen“; „Wer keine Ellenbogen hat, wird schnell selbst zum Opfer“; „Mitleid ist etwas für Mittellose“; „Wenn du etwas erreichen möchtest, muss du hart zu dir selbst sein“; Kinder müssen heute eine harte Schul- und Lehrzeit erleben. Sie werden sogar mit den Worten: „Jetzt beginnt der Ernst des Lebens“ eingeschult. Warum nicht mit den Worten „Jetzt lernst du lesen und schreiben“? Warum also nicht auch die Frage: „Wie kann ich mit meiner Art und Weise, mit meiner Wertevorstellung erfolgreich werden“? Erfolg, das ist der Leitsatz unserer Zeit. Doch was bedeutet Erfolg? Besser zu sein als andere? Status? Karriere im Senkrechtstart? In der englischen Übersetzung finden wir ein Wort für **den Erfolg** und **das Gelingen**: Success! Heißt Erfolg „Gelingen“, nicht mehr und nicht weniger? Warum werden diese zwei Begriffe in unserem alltäglichen Verständnis oft so unterschiedlich bewertet? Dies ging mir immer wieder durch den Kopf, nachdem ich in Seminaren den Teilnehmern die Frage stellte: „Welche Erfolge hatten Sie bisher?“ und als zweite Frage „Was ist in Ihrem Leben schon alles gelungen?“ Ich habe die Erfahrung gemacht, dass die meisten Teilnehmer mit der ersten Frage **besser** zurechtkamen und somit zunächst nur ihre Erfolge aufschrieben. Das Dumme daran war, dass den meisten nicht sonderlich viel einfiel, außer dem Üblichen – Haus und

Karriere! Erfolg – das scheint was Besonderes zu sein, etwas ganz Großes und vor allem fast ausschließlich Materielles. Doch ist das wirklich so? Betrachteten wir dann die Antworten auf die Frage „Was ist in Ihrem Leben schon alles gelungen?", war die Überraschung noch größer. Die Antworten waren spärlich bis null! Warum fiel den meisten zu gelungen nichts ein? Ist das, was ihnen gelungen ist, vielleicht zu selbstverständlich, so dass sie diesem keine große Bedeutung zuordneten? Was bedeutet es, wenn wir Gelingen und Erfolg als ein und dasselbe ansehen würden oder besser gesagt, wenn wir die Dinge, die uns im Leben schon gelungen sind zu unseren Erfolgen zählen? Das hieße, dass jeder von uns schon Erfolg in der Fülle gehabt hätte!

Hakuin

Weh den Menschen, die in weiter Ferne suchen und was nahe liegt, nicht sehen. Sie gleichen denen, die mitten im Wasser stehen und nach Wasser schreien.

So kommt es mir oft vor, dass alle nach Erfolg und Reichtum suchen und ihren persönlichen Reichtum und ihre Erfolge gar nicht kennen! Betrachten die Teilnehmer in meinen Seminaren anschließend ihre Erfolgsseite, stellen sie eben fest, dass alles, was sie notiert hatten, eher mit Materiellem (Haus, Auto, Karriere usw.) zu tun hat! Ist Erfolg nur etwas, was sichtbar ist? Oder wird uns Erfolg als etwas rein Sichtbares verkauft, nach dem Motto: „Sieh her, ich bin erfolgreich und du?" In Deutschland gelten das Auto und das Haus nach wie vor als sichtbarer Beweis für Erfolg. Ist das wirklich alles oder kann das wirklich alles sein? Besteht das Leben nur aus Geldverdienen? Ist die Kindererziehung nur eine Geldfrage? Ist Glück eine Geldfrage? Wenn das Eheglück eine Geldfrage wäre, dann würden nur etwa 10 Prozent der Deutschen glücklich verheiratet sein und Scheidungen in den sogenannten besseren Kreisen gar nicht stattfinden. Wenn ich meine Teilnehmer in den Seminaren dann auffordere, einmal die Seite zu betrachten, wo sie notiert hatten, was ihnen gelungen ist, frage ich: Mit was haben die Antworten hier zu tun? Mehr mit dem Alltag und sehr Persönlichem, zum Beispiel mit der Erziehung der Kinder oder mit der Bewältigung einer Ehekrise, einer finanziellen Krise, einer Entscheidung die ihr Leben verändert hat? Alles Gelingen war Erfol,g und zwar ein besonderer, meist ohne Plan und so aus dem Bauch herraus, nach Gefühl, mit dem Verständnis für die Situation, Einschätzung und Glauben! Gelingen, das hat mir sehr gefallen, das sagt viel mehr aus. Betrachten wir diese Seite genauer, stellen wir oft fest, das sie so viel von einem selbst hat, von persönlichen Eigenschaften. Denken die Teilnehmer nochmals darüber nach, stellen sie auch fest, wie viel Überwindung das eine oder andere gekostet hat, aber auch, wie schön es war wenn sie etwas erreicht haben und vielleicht einem anderen helfen konnten.

Was ist Ihnen gelungen? Denken Sie mal an eine besondere Situation! Erinnern Sie sich daran mit wie viel Mut und Anstrengung Sie etwas geschafft haben! Denken Sie einmal darüber nach, wer Ihnen geholfen hat, durch einen Rat, durch ein Gespräch oder alleine dadurch, dass Sie wussten ein Freund, Partner oder Mensch steht hinter Ihnen, einerlei wie es ausgeht! Ist diese Erinnerung sehr schön? Ja? Genießen Sie diese Erinnerung einen

Augenblick! Hat dieser Erfolg nicht etwas mit Menschen zu tun, mit Gefühlen und Wärme? Auf diesen Erfolg, auf dieses Gelingen dürfen Sie stolz sein! Ich habe mir lange Gedanken über Menschlichkeit und Erfolg gemacht. Auslöser war ein Satz von Costalani, dem Börsenguru, der gefragt wurde, was ihm an seinem Leben immer am wichtigsten war. *„Die Dankbarkeit, Menschen gehabt zu haben, die mir geholfen haben, die hinter mir standen, und das Gefühl gehabt zu haben, geliebt zu sein."*

Erfolg – Gelingen – Menschlichkeit im totalen Einklang funktioniert. *Erfolg ist kein Zufall, sondern die sorgfältige Auswahl richtiger Zutaten und der Mut, diese Zutaten richtig zu nutzen.* Was halten Sie von dieser Behauptung: Jeder Mensch kann nur dann glücklich werden, wenn er etwas aus sich und den ihm gegebenen Fähigkeiten und Stärken macht, im Einklang mit der Aufrichtigkeit zu sich selbst.

Ich kannte einen Mann, der sich sehr stark in der Gemeindearbeit seiner Kirche engagierte, wofür die Menschen jener Gemeinde ihn sehr achteten und ihn gerne hatten. Es war sein Leben, für andere da zu sein, es war seine Fähigkeit, sich in andere Sorgen hineinzuversetzen (eben Seelsorge), zu helfen, und er hatte große Freude dabei. Eines Tages erzählte er mir, dass seine Firma ihm heute ein Ultimatum gesetzt hat, entweder er macht eine Umschulung oder sein Arbeitsplatz sei in Gefahr. Er lehnte ab und zwar aus zwei Gründen. Der erste Grund wäre, so teilte er seiner Firma mit, dass er sich die neue Aufgabe wohl nicht zutraue und zweitens wäre ihm seine Gemeindearbeit wichtig und er hat Bedenken, dass er dafür dann zu wenig Zeit hat! Als ich dies hörte, verstand ich ehrlich gesagt die Welt nicht mehr. Da bietet ihm die Firma eine Karriere an und er lehnt einfach ab. Heute verstehe ich es besser, der Mann war aufrichtig zu sich und zu seiner wahren Identität! Das hat wohl der Manager des Unternehmens genauso gesehen und statt entlassen zu werden, wurde er nur in eine andere Abteilung versetzt mit dem gleichen Lohn. Der Chef begründete das so: Wer solche Prinzipien hat und zu diesen auch aufrichtig steht, ist für mein Unternehmen unverzichtbar.

Und der Erfolg? Dieser Mann ist sehr beliebt und hat sehr viele Freunde und führt ein überaus glückliches Leben. Ein unermesslicher Reichtum, gerade in einer Zeit, wo vor lauter Hast und Eile Freunde und Familie oft auf der Strecke bleiben mit dem Ergebnis: „Einsamkeit". Wie funktioniert also Erfolg und Gelingen? Liegt in der Aufrichtigkeit das Geheimnis des Erfolgs und Gelingens? Ja, und zwar als erstes in der Aufrichtigkeit sich selbst gegenüber. Sind Sie immer aufrichtig zu sich selbst? Jede Illusion ist Gift für den Erfolg, denn Sie eifern nur einem Trugbild nach. Deshalb nehmen Sie sich vor, ehrlich zu sich selbst zu sein. Ich habe sehr schnell erkannt, dass dies gar nicht schwer ist, und wissen Sie warum? Zunächst bekommt es doch gar keiner mit. Denken Sie mal an Ihr Tagebuch – da haben Sie doch alles ganz offen und ehrlich reingeschrieben und warum? Weil Sie sich sicher waren, dass nur Sie es lesen werden. Das erklärt auch, warum Tagebücher immer gut versteckt waren und warum viele Tagebücher Schlösser hatten. Nun sind Sie erwachsen und brauchen es nicht mehr zu verstecken und auch kein Schloss – aber haben Sie überhaupt eines? Nun, zumindest haben Sie die NOTIZBUCH-STRATEGIE in der Hand und werden im zweiten Kapitel erfahren, wie Sie ein Tagebuch für Erwachsene führen können, systematisch, ohne Druck und zwar so, dass Sie auf Verstecke und Schlösser verzichten können.

Kommen wir zurück zur Aufrichtigkeit. Ehrliche Aufrichtigkeit, das heißt, zu erkennen und zu wissen, was ich selbst kann und was ich nicht kann. Wo ich schwach bin und wo ich stark bin, ohne mir was vorzumachen. Haben Sie auch schon einmal versucht, sich täglich zu sagen: Ich bin gut, ich werde alles schaffen, ich bin reich. Hat es wirklich geholfen? Ehrlich? Erkennen Sie sich selbst in Ihren Stärken und Fähigkeiten, aber lernen Sie auch Ihre Schwächen kennen. **„Nicht das Vollkommene macht den Menschen aus, sondern seine Unvollkommenheit."** Jeder ist mit besonderen Eigenschaften und Fähigkeiten ausgerüstet, um diese aber zu nutzen, ist ein klares, ehrliches und offenes Bild von sich zu haben sehr bedeutend! Stellen Sie sich einmal vor, die Suggestion „Ich werde reich" würde tatsächlich funktionieren und jeder Mensch auf dieser Welt würde danach handeln; was würde sich dann ändern? **Nichts** würde sich ändern! Der eine würde mit seiner Million neidisch auf den blicken, der zwei Millionen hätte, also das gleiche Bild nur auf einem höheren Niveau! Erfolg ist nicht materiell und deshalb sollten wir uns dem wirklichen und realen sowie dem machbaren Erfolg widmen, um damit ein wirklich glückliches Leben zu erreichen. Und woher wissen wir das? Aus den Erfahrungen, die wir im Laufe unseres Lebens gemacht, aber manchmal vergessen haben.

Möchten Sie ein wundervolles Leben?

Als ich diese Überschrift plötzlich vor Augen hatte, fiel mir besonders das Wort „wundervolles“ auf. Also ein Leben voller Wunder! Zunächst sei angemerkt: Wann jemand ein Ereignis als Wunder, Zufall oder einfach als momentan nicht erklärbar bezeichnet, ist dem einzelnen Betrachter überlassen. Mir geht es hier auch nicht um spirituelle oder religiöse Wunder. Vielmehr möchte ich Sie dafür begeistern und dazu motivieren, den Begriff Wunder für sich alleine zu definieren. Sie sollen entscheiden, was Sie wann, wie sehen und erleben wollen. Deshalb will ich das Wunder ganz alltäglich betrachten, weil es sich um Gelassenheit und Tugenden wie Dankbarkeit, Demut und Neugier dreht. Zu dem Begriff Wunder las ich im Lexikon Folgendes:

> *Als Wunder (griech. thauma) gilt umgangssprachlich ein Ereignis, dessen Zustandekommen man sich nicht erklären kann, so dass es Verwunderung und Erstaunen auslöst. Es bezeichnet demnach allgemein etwas „Erstaunliches“ und „Außergewöhnliches“ (griech. thaumasion).*
> Quelle: Wikipedia

Wunder wird teilweise auch übersetzt als furchterregendes Ereignis. Das klingt alles nicht unbedingt nach Alltag, sondern eher nach Ausnahme. Ich spreche sicher in Ihrem Sinne, wenn ich behaupte, dass wir gerne auf furchterregende Ereignisse verzichten. Was ist aber mit dem Staunen? Gibt es nicht oft Grund zu staunen? Denken Sie nur an die Geburt eines Kindes. Wie oft haben Sie schon Eltern sagen hören: „Die Geburt meiner Kinder ist für mich heute noch ein Wunder.“ Die Dankbarkeit und das Glücksempfinden gepaart mit der Erkenntnis, dass jeder Einzelne nur begrenzt Einfluss auf die Entwicklung im Mutterleib hatte, lassen solche Ereignisse zu Wundern werden und darüber können wir noch Jahrzehnte staunen. Das wir über etwas staunen können, setzt aber voraus, dass wir neugierig sind. Eine Fähigkeit, die vielen verlorengegangen ist. Liegt es etwa daran, dass wir nur Ereignisse, die nicht mehr erklärbar sind, als „Wunder" bezeichnen? Weil wir das gerne in einen überschaubaren Rahmen fassen wollen, haben wir viele Ereignisse, die eintreffen – auch überraschend und unerwartet – als selbstverständliche logische Folgerung wieder abgehakt. Warum geben wir uns so viel Mühe, viele Erlebnisse als selbstverständliche logische Folgerung zu er- und begründen? Jeder weiß, wie sich ein Kind im Mutterleib entwickelt, das heißt, wir wissen, was sich abspielt. Wir können es erklären und mittlerweile aufgrund der Technik auch via Bilder zuschauen. Und doch, es ist ein Wunder, wenn ein Kind geboren wird. Weil Mutter und Vater neugierig sind: Wie wird unser Baby aussehen, wie schauen, wie schreien? Weil sie dankbar sind, wenn sie den ersten Schrei hören und der Arzt mitteilt: alles in Ordnung! Das ist für mich die Voraussetzung eines wundervollen Lebens – Dankbarkeit, Demut und Neugier. Betrachten Sie in Zukunft doch so manche Ereignisse mit Dankbarkeit, dann entwickeln sich daraus auch Wunder. Gefällt Ihnen das?

Wie viele Wunder haben Sie schon erlebt? Gönnen Sie sich ein paar Minuten des dankbaren Rückblickes auf Ihr Leben. Auch wenn es viele Dinge gab, die nicht so schön waren, hat sich nicht alles irgendwie zum Besten gewendet, denn Sie leben und Sie lesen gerade ein Buch, das Ihrem Leben noch mehr geben kann. Welches Wunder möchten Sie erleben, auch diese Frage stellte ich zu Anfang. Geht das, auf ein zu Wunder warten? Ja, Sie brauchen sich nur auf zwei Dinge einzulassen:

1. Dankbarkeit, Demut und Neugier, so werden Ereignisse, seien sie noch so klein, selbstverständlich oder logisch, zu Wundern, über die Sie sich aber auch nicht wundern dürfen.
2. Diese Wunder hervorrufen? Ich habe dazu ein sehr schönes Bild gesehen. Ein Ruderboot wurde von einem Mann geführt. Er hatte zwei Paddel, auf dem einen Paddel stand **Arbeiten** (nicht auf irgendetwas warten, sondern sein BESTMÖGLICHSTES tun), auf dem anderen **Bitten/Danken**. Also nur mit dem Paddel „Arbeiten“ dreht er sich im Kreis, ebenso wenn er nur mit dem Paddel **„Bitten/Danken“** alleine paddelt. Um ans andere Ufer zu kommen, kommt er nicht umhin, beide Paddeln gleichzeitig zu benutzen.

Warum habe ich diesen Artikel gewählt? Wie bereits erwähnt: Wann Sie ein Ereignis als Wunder bezeichnen, ist immer Ihnen überlassen, und mir geht es hier auch nicht um spirituelle oder religiöse Wunder. Es geht darum, Ihnen Mut zu machen, zu erleben, was Sie sich wünschen, und wenn Ihnen das hilft, tun Sie es! Wenn Sie sagen, das will ich nicht – dann überspringen Sie diesen Artikel (was aber zu spät ist) und nehmen Sie die Ereignisse so, wie Sie sie sehen wollen.

2. Kapitel
Tatsächliches –
Pro-blem versus Contra-blem

Der Kritiker

Vor einigen Monaten habe ich eine spannende Erfahrung gemacht. Mein rechtes Auge hatte sich entzündet beziehungsweise es lief ziemlich heftig, so dass es sich auch rötete. Da mich das ziemlich beunruhigte, ging ich ins Internet und gab bei Google die Symptome ein und die Tragik nahm ihren Lauf. Eine Krankheit? Nein, ich fand eine große Anzahl von Diagnosen und die dazugehörigen Krankheiten und je länger ich suchte, umso schlimmer wurden sie. Beruhigung klingt anders, ich hatte plötzlich Bilder im Kopf, die alles andere als schön waren. Experten warnten vor allem Möglichen, vor dem PC, TV, Sonnenlicht, Hautcremes, Parfum, Medikamenten, Speisen etc. ... Nach zwei Stunden war der Zeitpunkt erreicht, vom Leben langsam Abschied zu nehmen. Ich war nahe daran, zu verzweifeln. Ein paar Tage später schilderte ich in einem Gespräch meine Symptome, worauf eine Teilnehmerin mir riet, bestimmte Augentropfen zu nehmen und diese morgens und abends in meine Augen zu träufeln. Was soll ich sagen, in nur zwei Tagen war alles weg, denn das Einzige, was mir fehlte, war, dass ich zu wenig Tränenflüssigkeit produzierte, und das kann hin und wieder mal vorkommen. Da fiel mir der Spruch ein: *Probleme sind wie kleine Kinder, je mehr man sie hegt, umso größer werden sie.*

In diesem Kapitel möchte ich gemeinsam mit Ihnen ein paar Punkte betrachten, die uns oft gar nicht so bewusst sind, und doch werden Sie feststellen, dass Ihnen vieles sehr bekannt vorkommt. Ich nenne es gerne auch den Tatsachen ins Auge schauen und ent-lernen. In meinen Seminaren ist das immer besonders humorvoll, denn meine Teilnehmer entdecken sehr schnell, dass sie oft gegen besseres Wissen und eigene andere Erfahrungen handeln. Das ist gar nicht verwerflich, sondern einfach nur zum Schmunzeln schön.

Besser ein Pro-blem als ein Contra-blem

Es war einmal ein Problem, das sehr unglücklich und traurig war, weil alle Menschen darüber schimpften und fluchten. Dabei fing alles so spannend an …

In der Problementstehungsfabrik hatte man ihm in der Endkontrolle gesagt, dass es eine großartige Bestimmung habe und den Menschen ganz besondere Momente in ihrem Leben bringen würde. Voller Freude und Tatendrang machte sich das Problem daran, die Menschenwelt zu besuchen. Doch anfangs wollte es niemand beachten – es war noch zu klein, ein kleines Problemchen. Genährt durch das Verdrängen und Wegschieben der Menschen, wuchs es zu einem beachtlichen Problem heran. Jetzt wurde es beachtet, allerdings zog es auch schon den ersten Missmut auf sich. Und weiterhin weit und breit keine Sicht nach besonderen Momenten, wie man es ihm vor einer Ewigkeit versprach. Es wuchs weiter und wurde größer und größer. Die Beschimpfungen der Menschen schlugen um in Resignation. Bis eines Tages das Korsett der Resignation gesprengt wurde und ein junger Mann mit seinem Sohn das Problem betrachtete. „Das wird keine leichte Aufgabe", sagte der Mann zu seinem Sohn. „Da haben wir ja ein richtiges Problem, Paps, oder?" „Lass dich davon nicht einschüchtern, mein Sohn. Ein Problem ist nichts weiter als eine Herausforderung, eine Aufgabe, die es zu lösen gilt – mehr nicht. Eine Hürde, die wir gemeinsam überspringen werden. Vielleicht müssen wir hierfür neue

Sichtweisen und Standpunkte einnehmen, uns weiter entwickeln. Auf alle Fälle ist ein Problem für uns da." „Wie kann etwas für uns sein, wenn wir Schwierigkeiten damit haben?"„Weil wir daran wachsen werden, mein Sohn. Und nachdem wir es bewältigt haben, werden wir anderen Menschen helfen können, wie sie solch ein Problem lösen können." Das Problem lauschte aus dem Hintergrund gespannt und freute sich darauf, dass nun endlich jemand den Mut fasste und sich seiner annahm. „Weshalb bist du dir so sicher, Paps?" „Wenn ein Problem gegen uns wäre, müsste es Contrablem heißen – tut es aber nicht", zwinkerte er seinem Sohn zu. Und das Problem verstand nun, welche besonderen Momente es den Menschen brachte. Kleine Probleme versprachen kleine Entwicklungsschritte, große Probleme hingegen gingen einher mit großen Entwicklungen – und unser Problem hier war schon verdammt groß. (Von Mario A. Brakenwagen)

Jeder kennt es, jeder hatte es schon und jeder kann behaupten, dass er es nicht nur ein Mal hatte, es gibt eine große Anzahl von Menschen, die meinen, es in den verschiedensten Variationen und auch ständig zu haben – ein Pro-blem! Was heißt hier eines, es gibt nicht wenige, die davon überzeugt sind, dass sie eine große Anzahl davon haben, die schwierigsten, scheinbar unüberwindbar und nicht lösbar. Ständig lauert eines irgendwo und scheint nur auf uns zu warten. Haben wir erst mal eins, werden gerne mal Tricks angewandt und viele taufen das Problem deshalb einfach in Herausforderung oder Chance um – und dann? Haben Sie schon ein Problem gehabt, das sich deshalb wie von selbst aufgelöst hat? Nein, wenn Sie es gelöst haben, dann haben Sie das Problem gelöst und nicht die Herausforderung oder die Chance.

Damit will ich sagen, dass nicht jedes Problem automatisch auch zu einer Chance wird, weil nicht jedes Problem eine unmittelbare Chance in sich birgt. Das kommt auch daher, weil wir nicht jeder Herausforderung gewachsen sind und gewachsen sein wollen. Deshalb bin ich gegen jede Art von Schöntuerei: Ein Problem ist ein Problem. PUNKT! Natürlich ist es genauso wenig sinnvoll, bei jedem Problem in eine Depression oder in Mutlosigkeit zu verfallen, dieses andere Extrem ist ebenfalls töricht wie ungünstig. Im Grunde bin ich gegen jede Art von Extrem und suche deshalb gerne eine ausgeglichene Mitte, wo bekanntlich der Kern des Ganzen liegt. *Ein **Problem** (von altgriechisch* προβλεμα *(próblema), „das, was zur Lösung vorgelegt wurde") nennt man eine Aufgabe oder Streitfrage, deren Lösung mit Schwierigkeiten verbunden ist. Probleme stellen Hindernisse dar, die überwunden oder umgangen werden müssen, um von einer unbefriedigenden Ausgangssituation in eine befriedigendere Zielsituation zu gelangen. (Quelle: Wikipedia)*

Aber wann haben wir ein Problem? Jeder Mensch weiß im Grunde zwei Dinge: Was er will und was er nicht will! Wenn wir also mit einer Situation konfrontiert werden, ist die Entscheidung, ob es ein Problem ist oder nicht, von der Frage abhängig: Was will ich und was will ich nicht. Zugleich stellt sich die nächste Frage: Kann es sein, dass ein Mensch, der viele Probleme hat oder damit schwerlich zurechtkommt, sich gedanklich mehr damit beschäftigt was er nicht will, als dass er sich darüber Gedanken macht, was er will? Wie gesagt, es ist nicht gut in Extremen zu leben. Deshalb sorgt die NOTIZBUCH-STRATEGIE auch dafür, dass beides in der richtigen Balance erarbeitet wird. In einer TV-Doku wurde dazu ein

Prediger gefragt und seine Antwort war sehr klar: **„Keiner kann das Leben überlisten, man muss sich damit auseinandersetzen**!" Wie Sie sehen, finden Sie hier keine Verniedlichung, die vom Kern des Problems – der Schwierigkeit – ablenkt. Im Gegenteil, ich möchte Ihnen zeigen, warum es gut ist, sich den Schwierigkeiten zu stellen und wie Sie in Zukunft jedem Problem entspannt, souverän und sicher gegenübertreten können. Dazu habe ich das Wort „Pro-blem" etwas anders definiert:

Pro (griechisch-lateinisch Konjunktion und Vorsilbe προ) steht für: in Abstimmungen gleichbedeutend mit „dafür";

Pro = dafür – für
besonders
lebenswichtige
erfahrungen
machen

Das ist doch allemal besser als ein „Contra-blem", oder? Contra (lat.: „gegen"), auch Kontra, steht für: in Abstimmung gleichbedeutend mit „dagegen". (Quelle Wikipedia)

Natürlich ist das ein Wortspiel, aber ich habe erfahren, dass meine Seminarteilnehmer allein durch diese – zugegeben eine etwas eigene – Art der Definition einen entspannten Einstieg erfahren. Halten wir fest, ein Problem kann eine echte Bereicherung für Ihr Leben sein und es ist deshalb nicht von Vorteil, sich dieser Erfahrung zu verschließen.

- Muss Problemlösung immer langweilig und unangenehm sein?
- Muss sie immer mit erhobenem Zeigefinger, kompliziert und formell daherkommen?
- Muss es immer mit einer theoriefixierten und abgehobenen Steifheit sein?
- Muss jemand als Schwarzmaler gelten, wenn Probleme klar definiert und formuliert sind?

Problemlösung ist spannend und motivierend. In ihr wachsen Verantwortung, Authentizität und Loyalität. Mit der NOTIZBUCH-STRATEGIE werden Sie Ihr eigener Autor. Sie werden Ihre eigenen Lösungen finden, Ihre Werte entdecken und Entscheidungen treffen, die Ihr Leben verändern.

Lösungskonsum versus eigene Erfahrung und Kreativität

Der BAUM

Es stand einmal in einem Dorf ein uralter, starker Baum. Eines Tages wurden alle Dorfbewohner eingeladen, ihre Sorgen, Probleme und Nöte gut verpackt an diesen Baum zu hängen. Die Bedingung war allerdings, dafür ein anderes Paket mitzunehmen. Zu Hause wurden die fremden Pakete geöffnet. Doch es machte sich Bestürzung breit, denn die Sorgen und Probleme der anderen schienen deutlich größer als die eigenen! Und so liefen alle wieder zurück zu dem alten Baum und nahmen statt der fremden schnell wieder die eigenen Pakete an sich und gingen zufrieden nach Hause. Interessant auch, woher diese Geschichte stammt: Es ist eine Geschichte aus Indien.

Nun ist das mit den Problemen so eine Sache, sie kommen meist unvorbereitet und sehr schnell daher. Was tun? Nehmen wir eine ganz normale Sache wie Liebeskummer! Wie war das damals? Der Teenager zog sich in seine Ecke zurück und schrieb all seine Gefühle, seine Verletzung und Traurigkeit in sein Tagebuch! Dieses Tagebuch durfte niemand lesen, denn es waren die eigenen Gedanken. Und heute? Ab an den PC und schon landen seine Gedanken in einem Forum, für jeden lesbar und jeder diskutiert mit. Eltern liebeskummerbehafteter Teenager machen sich Sorgen, aber anstatt sich an die eigene Jugend und das Tagebuch zu erinnern, wird „gegooglet", Stichwort: „Liebeskummer" – und in exakt 0,05 Sekunden erhalten Sie 1.230.000 Ergebnisse. Natürlich ganz oben die Experten, gefolgt von den Lexika bis zum Forum, alles da! Natürlich habe ich das auch ausprobiert, trotz oder wegen meiner bereits gemachten Erfahrungen. Ich google`te eine halbe Stunde und aus einem harmlosen Liebeskummer ist ganz schnell eine handfeste menschliche Krise entstanden.

Kein Witz, schon auf der ersten Seite kam ich auf einen Link zur KKH, weil jemand um meine Gesundheit besorgt war. Auf der zweiten Seite fand ich die Trauma- und Psychotherapieangebote und auf Seite drei bot ein Psychologe seine Dienstleistung mit dem schönen Titel „Partnerrückführung in zwei Tagen" an. Dasselbe können Sie mit Suchbegriffen wie Schulden, Selbstbewusstsein, Partnerschaft, Lebensfreude etc. tun – jeder einzelne Begriff hat zig Millionen von Seiten. Dagegen sind die gefundenen Seitenzahlen bei den Begriffen Sprachlosigkeit und Ratlosigkeit, die es nur auf 144.000 und 303.000 Seiten gebracht haben, direkt erbärmlich.

Da ist es nicht verwunderlich, wenn der Suchbegriff „eigenverantwortliches Handeln" es sogar nur auf 119.000 Einträge schafft.

Heute bedient sich der eine oder andere eben seiner Experten wie Google, Wikipedia und Themenshows. Einfach Nudeln kochen? Nein, in 25 Sendungen sagen uns 25 Experten (Köche), was aus gewöhnlichen Nudeln gemacht werden kann, und ich spreche nur von einem Nachmittag, denn jeder Sender hat seine eigene Kochshows, und das täglich. Wie kleide ich mich, was ist IN, was OUT? Wann bin ich zu dick, wann zu dünn? Wie funktioniert eine gute Ehe? Wie erziehe ich meine Kinder richtig? Was tun wenn ich unglücklich bin? Wie kann ich hundertprozentig Karriere machen bzw. welcher Weg geht am schnellsten? Usw. Usw. Für alles gibt es eine oder besser millionenfach Antworten und meist auf Fragen, die so nie gestellt wurden. Wie schon an dem Beispiel Suchmaschinensuche ist es auch im Alltag, wenn ich mich nicht traue, über eine eigene Lösung nachzudenken. Frage ich zehn beste Freunde, habe ich elf Antworten und mindestens zwei weitere Probleme mehr, aber keine wirklich für mich gute Lösung. Gut, ich will zugeben, vielleicht ist der eine oder andere Rat zu gebrauchen und vielleicht kann ich damit auch mein Problem lösen. Aber, und dieses „aber" ist wichtig, was habe ich wirklich erreicht? Lassen Sie mich das anhand meines berühmten Schnürsenkelbeispiels beschreiben. Sie kennen das, Sie haben es eilig und wollen schnell in Ihre Schuhe steigen und schon ist ein Knoten im Schnürsenkel. Da die Hektik immer größer wird – vielleicht wartet schon jemand ganz ungeduldig auf Sie – wird der Knoten immer fester. Sie zerren daran und wenden alle möglichen Tricks an, doch es ist wie verhext, der Knoten gibt nicht nach. Jetzt kommen die ersten Ratschläge – nimm doch einen Dosenöffner oder eine Nagelfeile oder einen Zahnstocher usw. Nehmen wir an, es gelingt mit einem der Ratschläge, den Knoten zu öffnen, dann haben Sie zumindest für den Zeitpunkt Ruhe, aber mal ehrlich, wie oft ist Ihnen das schon passiert? Sehen Sie, es kommt immer wieder mal vor und meist dann, wenn die Hektik gerade Ihr Begleiter ist. Zweite Frage: Haben Sie auf Ihrem Schuhschrank Dosenöffner, Nagelfeilen oder Zahnstocher parat liegen? Nein, natürlich nicht. Ich habe schon oft Knoten in meinen Schnürsenkeln gehabt und mich immer wieder darüber geärgert und die freundlich gemeinten Ratschläge befolgt. Doch irgendwann, ich hatte mal wieder einen Knoten im Schnürsenkel, dachte ich darüber nach und erkannte das eigentliche Problem. Ich schlupfte beim Ausziehen immer aus den Schuhen, ohne die Schnürsenkel zu öffnen. So kam ich zu dem Ergebnis, dass ich meine Angewohnheit ändern muss. Heute öffne ich meine Schuhe immer gleich und in aller Ruhe beim Ausziehen und habe keine Knoten mehr. Übrigens, unter dem Begriff „Knoten im Schnürsenkel“ erhalten Sie 5.120 Einträge! Dieses banale Beispiel zeigt, dass es nicht immer nur um eine schnelle Lösung geht, sondern auch darum, ein Problem erst gar nicht entstehen zu lassen – ich nenne es eine nachhaltige Lösung!

Fragen geben Antworten oder neue Fragen

Wie bekomme ich nun eine nachhaltige Lösung? Durch die Qualität der Fragen? Durch die Masse der Fragen? Oder durch den richtigen Umgang mit Fragen? Beginnen wir doch mit dem Mut, eigene Fragen zu formulieren, seine persönlichen und inneren Fragen. Welche Frage stelle ich mir, wenn es im Beruf nicht so klappt, wie ich es mir wünsche? Wie lautet die Frage an mich, wenn ich mein Lebensglück suche? Wie klingen die Fragen, wenn ich meine Lebensspur verändern möchte? Welche Fragen helfen mir ein Problem zu lösen? Usw. Ist es schwieriger, seine eigenen Fragen zu formulieren? Warum möchten wir schon mit der ersten und vielleicht einer einzigen Frage eine verbindliche Antwort erhalten? Warum fragen wir uns so wenig? Haben wir die Befürchtung, nicht die richtigen Fragen zu stellen? Wissen wir vielleicht nicht, was wir fragen sollen? Ist es vielleicht die Sorge, die gestellte Frage könnte nicht zur Antwort führen?

Nein, der wahre Grund ist: Wir fürchten die Antworten!

In dem Buch „Glasperlenspiel" von Herman Hesse war es die Figur von Josef Knecht, die mich beeindruckte. Er hatte Angst und Respekt vor dem, was kommen soll, und so gab es Zeiten, in denen er sich verkroch und Dinge vermieden hat, die er eigentlich tun müsste. Das ging solange gut, bis er anfing, sich selbst Fragen zu stellen, und er bereit war, sich den Fragen seiner Lehrmeister zu stellen. Sehr schnell musste ich auch erkennen, dass ich wie ein Josef Knecht agierte – verkriechen und vermeiden oder kurz abtauchen! Doch irgendwann kamen die Fragen auf mich zu und wurden immer beharrlicher und so stellte ich fest, dass ich die Antworten gefürchtet habe. Es waren die Antworten, die mir anfangs nicht passten, sie waren unbequem und entlarvend. Wenn ich mich zum Beispiel fragte, warum es nur so wenig Herzlichkeit gibt, war es die Antwort, die mir zu schaffen machte. Es war nicht eine Antwort im eigentlichen Sinne, so nach dem Motto: „So ist es, oder darum ist es so“ Nein, die Antwort war wiederum eine Frage: „Was tust du, damit mehr Herzlichkeit entsteht?“ Das war nicht die Antwort, die ich erwartet hatte. Diese Erkenntnis war aber auf der anderen Seite eine der schönsten, die ich machen konnte. Eine wirkliche Antwort auf eine Frage ist eine neue Frage. Eine Frage, die du selbst gestellt bekommst, eine persönliche Frage. Aber mehr noch – es entsteht ein Dialog mit sich selbst. Bleiben wir bei diesem ersten Beispiel. Als also vor der Antwort auf meine Frage: „Warum gibt es so wenig Herzlichkeit?“ die erneute Frage an mich persönlich stand „Was tust du, damit mehr Herzlichkeit entsteht?“ musste ich zunächst innehalten. Ich zählte auf und kam schnell zu dem Entschluss, dass das, was ich dafür tat, einfach zu wenig oder zu oberflächlich war. Gut, was hindert mich daran, mehr zu tun? Da war sie, die nächste Frage.

So wird es Ihnen mit diesem Buch auch gehen. Fragen geben Antworten oder es entstehen neue Fragen. Ist das befriedigend? Wird das nicht zur Endlosschleife? Oder schlimmer: Werde ich vor lauter Fragen gar nicht mehr mit den Antworten hinterherkommen? Dazu möchte ich Folgendes festhalten. Es ist ein Irrtum, wenn wir glauben, dass es so etwas wie endgültige Lösungen oder Antworten gibt. Nein, es gibt nur den Gewinn einer neuen Sichtweise. Im Grunde ist jede Antwort eine Entdeckung, die nichts anderes ist als die Möglichkeit, festzuhalten, was bisher falsch war. Das klingt zunächst ernüchternd und doch ist es die beste Botschaft, die Sie erhalten können. Warum? Weil Sie damit nicht nur flexibel bleiben, sondern auch der Zeit und den Situationen viel individueller gerecht werden können. Nehmen Sie nur die Kindererziehung. Wie oft haben Sie sich schon gefragt, ob die Entscheidungen, die Sie einst getroffen haben, heute noch Gültigkeit haben sollen? Zum Beispiel, wenn es um Spielregeln geht, wann die Kinder zu Hause sein sollen. Ihre Antwort wird bei einem 12-Jährigen anders sein als bei einem 17-Jährigen. Und warum? Weil Sie sich irgendwann einmal fragten, wie es bei Ihnen war. Wie sah ich meine Eltern damals, als sie verlangten, dass ich schon so früh zu Hause sein sollte – als Spießer? Will ich als Spießer gelten? Waren es nicht andere Zeiten? Hatten das meine Eltern nicht auch gedacht? Irgendwann werden Sie aus all diesen Fragen eine Antwort definieren und wenn Sie ehrlich sind, werden Sie die Mitte suchen, als Kompromiss zwischen den Erfahrungen Ihrer Kindheit und Ihrem Verständnis über die Zeit von heute.

Die persönliche Evolution

Die NOTIZBUCH-STRATEGIE hält auch Rückschau auf das Leben mit seinen verschiedensten Situationen. Das ist sinnvoll, denn so können Sie Ihre persönlichen Erfahrungen mit einbringen, und das nenne ich gerne die persönliche Evolution, weil es Ihre Entwicklung ist, eigen und mit keiner anderen vergleichbar. Mit Evolution ist im Allgemeinen die Entwicklungsgeschichte der Natur gemeint. Evolution kommt aus dem lat. „evolvere" und bedeutet „hervor- oder hinauswälzen, -winden, -wickeln, -rollen". Das trifft doch den Nagel auf den Kopf, oder? Evolution ist eine Entwicklungsgeschichte, die daraus besteht sich hervor- oder hinauszuwälzen, -winden, -wickeln, -rollen. Das ist genau das, was viele Menschen auch so empfinden, wenn sie ihr Leben rückblickend betrachten. Und ich finde das prima, es ist so wahr, so menschlich, besser kann ich es nicht beschreiben. Ja, wenn jeder sein Leben einmal rückblickend betrachtet, werden viele Erinnerungen wach. Da wird viel lebendig – gute, schöne, genauso wie sorgenvolle oder gar traurige Augenblicke. Rückblicken ist das Einfachste, das kann jeder Mensch und interessanterweise tun das Menschen auch gerne. Also ist das Rückblicken eine einfache Übung, die wichtigste Frage dabei ist: „WIE blicken Sie zurück?" Auf das WIE kommt es nämlich an und nicht auf das WAS. Wenn Sie wissen WIE Sie zurückblicken, können Sie gerne auf alles zurückblicken. Ich verspreche Ihnen, wenn Sie das WIE ganz klar geklärt haben, können Sie auf alles zurückblicken, Sie brauchen dann nichts zu verdrängen.

Warum das Zurückblicken so wichtig ist, dafür gibt es gleich zwei gute Gründe:

1. Um festzustellen, was Sie daraus gelernt haben.
2. Um festzustellen, wo Sie heute stehen und warum.

Natürlich ist das auch eine gute Gelegenheit mit sich ins Reine zu kommen. Es ist entscheidend, WIE Sie zurückblicken. Dazu möchte ich Ihnen gerne einen Impuls geben. Es kann jetzt gut sein, dass Sie mich für verrückt erklären, denn es ist sicher richtig, dass ich Ihre Vergangenheit nicht kenne. Und es kann gut sein, dass Ihnen mein Vorschlag nicht akzeptabel erscheint, warum auch immer. Ich weiß, mein Vorschlag ist eine harte Nuss, keine Frage, aber der Versuch lohnt sich und niemand auf der Welt erwartet jetzt etwas von Ihnen. Sie alleine haben jetzt eine Möglichkeit in der Hand, ganz für sich

– machen Sie es einfach. Niemand merkt, ob es gleich gelingt oder erst nach ein paar Versuchen. Versuchen Sie es, auch wenn es für Sie in dem einen oder anderen Falle eine Überwindung darstellt. Als ich mich mit der NOTIZBUCH-STRATEGIE befasste, merkte ich, wie wichtig diese Aufgabe ist. Das WIE ist aber so entscheidend. **Schaue dankbar zurück und erkenne.** Dies hat mich sehr beeindruckt. Wirklich für alles dankbar sein. Für alles, für wirklich alles? Kann ich das, gibt es da nicht das Eine oder Andere wo ich alles sein kann, aber eben nicht dankbar? Ich habe zu diesem Zeitpunkt schon eine Menge erlebt, natürlich auch an negativen, unliebsamen und auch sehr traurigen Dingen. Wirklich für alles dankbar sein?

3. Kapitel
Erforderliches –
So arbeiten Sie mit der NOTIZBUCH-STRATEGIE

Der Macher

WICHTIGER HINWEIS

Sie werden jetzt die NOTIZBUCH-STRATEGIE in ihrer Anwendung kennenlernen. Zunächst werde ich Ihnen die wichtigsten Anmerkungen und Details zur Anwendung erläutern. Ich habe versucht, diesen theoretischen Teil so kurzweilig wie möglich zu gestalten, und habe mich auf das Wesentliche konzentriert.

In Kapitel 4 werden wir dann gemeinsam das Thema **„Mein Weg zu einem gelasseneren Leben"** ganz praktisch mit der NOTIZBUCH-STRATEGIE erarbeiten. Dabei unterstütze ich Sie mit ausführlichen Sichtweisen, Beispielen, Impulsen und Fragestellungen.

In Kapitel 5 gebe ich Tipps und Antworten auf oft gestellte Fragen und in Kapitel 6 werden Sie nochmals zwei Themen finden, mit denen Sie arbeiten können. Bei diesen Themen werden Sie anhand der kurzen Impulse und den Fragestellungen schon selbstständig arbeiten können. So werden Sie systematisch in die NOTIZBUCH-STRATEGIE eingeführt.

Die Themen:
1. Vom Beruf zur Berufung
2. Fähigkeiten entdecken und nutzen

Die NOTIZBUCH-STRATEGIE

Ich zeige Ihnen, wie Sie in vier Schritten Ihre Themen systematisch und sehr entspannt erarbeiten. Die erste Voraussetzung ist die, dass Sie sich ein schönes Notizbuch kaufen. Ob Sie nun DIN A5 oder DIN A4 wählen ,bleibt Ihnen überlassen, entscheidend ist, dass es Ihnen vom Design her gefällt. Wenn das Buch Ihren Schreibtisch ziert, erinnert es Sie immer daran, etwas zu tun. Das Schreiben ist schon ein besonderes Erlebnis, weil es Ihnen hilft, bei Ihrem Thema zu bleiben. Sie kennen vielleicht den Ratschlag: „Machen Sie sich mal Gedanken über Ihr Leben“ oder „Setz dich doch mit dem Problem auseinander“. Das habe ich auch probiert und machte mir Gedanken über meine Zukunft: „Im nächsten Jahr möchte ich mehr offene Seminare anbieten und dazu eine besondere Örtlichkeit wählen, es muss etwas ganz Uriges sein, vielleicht am Meer ... ja, das war ein schöner Urlaub damals ... apropos Urlaub ... ich muss schauen wie die Ferien dieses Jahr liegen ... ob ich wohl dieses Jahr ans Meer fahre? ... Moment, ich hatte da doch neulich ein Prospekt – eine Flussfahrt mit eigenem Boot durch Burgund ... apropos Frankreich, da fällt mir ein, ich wollte ja unbedingt auch meine Tante besuchen ... und dann? Jeder kennt das, in dem Moment, wo Sie das Nachdenken beginnen, überstürzen sich die Einfälle, Ideen und Gedanken und es dauert nicht lange, da sind Sie mit Ihren Gedanken ganz weit weg vom Ursprung. Durch die vier Schritte der NOTIZBUCH-STRATEGIE werden Sie bei Ihrem Thema bleiben, in die Tiefe gehen und ich verspreche Ihnen, es wird Ihnen nicht nur Erfolg bringen, sondern auch viel Freude bereiten. Sie werden in Zukunft selbstbewusst an Ihre Lebensthemen herantreten und Ihre persönlichen Lösungen finden und diese auch authentisch und souverän vertreten. Zunächst brauchen Sie also nur weiterzulesen. Die nächsten Themen sind wichtige Erläuterungen zum optimalen Arbeiten mit der NOTIZBUCH-STRATEGIE und lauten:

- Spitze Feder
- Das Sudelbuch
- Die Symbolsprache
- 1, 2, 3 – Die Reihenfolge
- Die 6 „Be“

- Einteilung
- Die vier Schritte der NOTIZBUCH-STRATEGIE

Spitze Feder

Keine Sorge, Sie brauchen keine Feder und auch kein Tintenfass, aber Ihr Schreibwerkzeug ist ein nicht zu unterschätzender Punkt. Das Schreiben soll etwas Besonderes werden und dabei spielt das Schreibgerät eine große Rolle. Der Füllfederhalter, Kugelschreiber oder womit immer Sie auch gerne schreiben, das Schreibgerät soll die Wertigkeit Ihrer Tätigkeit unterstreichen, es ist also auch ein Schreibgefühl. Natürlich tut es ein einfacher Kugelschreiber auch. Auch damit können Sie schreiben, Gedanken zu Papier bringen und Notizen machen. Aber gönnen Sie sich mehr; beginnen Sie ihre Gedanken mit einem edlen Schreibgerät förmlich auf dem Papier zu verewigen. Nicht nur simpel zu notieren, sondern das Schreiben zu zelebrieren. Ihr Notizbuch ist nicht einfach ein Notizbuch, es ist Ihr Begleiter.

Das Sudelbuch

In dem Moment, wo Sie mit der NOTIZBUCH-STRATEGIE arbeiten, erleben Sie eine besondere Sensibilisierung rund um Ihr Thema und daraus wiederum entstehen im Alltag häufig Gedanken, Einfälle, Ideen und Beobachtungen. Wie aus dem Nichts stehen diese plötzlich im Raum. Was geschieht jetzt damit? Ich selbst habe mein DIN A5 Buch nicht überall dabei, denn es liegt auf meinem Schreibtisch und da bleibt es auch. Damit mir aber nichts entgeht und ich nichts vergesse oder um zu verhindern, dass ich mich später mühsam an etwas erinnern muss, habe ich mein kleines Notizbuch dabei … mein Sudelbuch! Im Straßencafé, Theater, Kino, Kabarett, auf Kongressen, bei Freunden zum Essen oder in der Kneipe etc. – mein kleines Notizbuch ist immer dabei und es kann sich sehen lassen. Es sieht professionell und hübsch aus und deshalb empfehle ich jedem, sich ein solches kleines Notizbuch anzulegen. So sind Sie immer bereit, Ihre Gedanken, Einfälle und Ideen zu jeder Zeit an jedem Ort festzuhalten. Mein kleines Buch nenne ich gerne Sudelbuch oder Schmierbuch. Das ist etwas, was wir als Kinder mochten, uns aber abtrainiert wurde. „Schreib sauber, gerade, ordentlich, überleg vorher was du schreibst, streich nichts durch und mal nicht in deinem Buch rum." Ich denke, dass Ihnen das eine oder andere auch noch einfallen wird, wenn Sie an Ihre Kindheit denken. Ich fordere Sie auf, genau das zu entlernen. Schreiben Sie also auf, was Ihnen gerade durch den Sinn geht, ohne sich zu zensieren oder um korrekte Grammatik oder die richtige Form zu sorgen. Das ist der große Vorteil gegenüber dem PC. Die folgende Situation kennen Sie sicher auch: Sie schreiben in Ihren PC, weil Sie einen Gedanken festhalten oder einen Gedankenfluss niederschreiben wollen und dann sehen Sie wie ein Wort mit einer roten Linie unterstrichen wird. Automatisch hat Sie das Programm auf einen Fehler aufmerksam gemacht. Natürlich widmet jeder sich sofort diesem Fehler, korrigiert ihn und will dann weiterschreiben. Doch der Gedanke ist weg, nicht mehr so vorhanden wie noch vor wenigen Sekunden. Das Nachdenken und Kopfzerbrechen beginnt. Zerbrechen Sie sich nicht den Kopf darüber, wie Sie beginnen, was Sie schreiben oder was es bedeuten könnte. Das klingt jetzt nach Chaos, ist es aber nicht, denn Sie haben die Symbole, um Ihren Gedanken und Skizzen eine Ordnung und Übersicht zu verschaffen.

Ein Tipp: Schreiben Sie ganze Sätze (verzichten Sie auf Stichworte), so eine Art kleiner Aufsatz, dies lässt sich später erstens viel schöner lesen und zweitens werden die Vorhaben viel stärker in Ihnen selbst verankert. Schreiben Sie auch über sich selbst. Sie können dabei jede beliebige Perspektive wählen. Beschreiben Sie ein Gefühl, zum Beispiel Furcht, Liebe, Trauer oder Freude. Das Schöne daran ist, dass Sie es jederzeit wieder lesen können. Es ist Ihr eigenes Buch und Sie sind der Autor!

Punkt, Punkt, Komma, Strich ... – Die Symbolsprache

Ein weiteres Hilfsmittel sind Symbole. Erinnern Sie sich noch an die Schnitzeljagden, die Sie in Ihrer Kindheit veranstalteten. Ohne Hinweise und Symbole hätten Sie nie den Weg zum Ziel gefunden. Das hat sich auch die NOTIZBUCH-STRATEGIE zu Nutze gemacht und damit Sie immer Ihren Weg finden, habe ich ebenfalls Symbole entwickelt. Zunächst möchte ich Sie mit den Symbolen der NOTIZBUCH-STRATEGIE vertraut machen. Ich habe ganz gezielt nach bekannten Symbolen gesucht und mich auf fünf beschränkt, damit der Umgang damit erleichtert wird. Mit diesen Symbolen setzen Sie kurz und schnell Vermerke zur späteren Bearbeitung an den Rand Ihrer Notizen. Somit haben Sie das Gefühl der Sicherheit, dass Sie nichts vergessen und bleiben bei Ihrem ursprünglichen Gedanken. Vielleicht kennen Sie den Spruch aus dem Skat- oder Schachspiel; der erste Gedanke war der beste, und das erreichen Sie, indem Sie Ihre Symbole setzen. Aus diesem Grund ist es ratsam, dass Sie sich die Symbole auf der ersten Seite Ihres Notizbuchs notieren.

Sollte Ihnen ein weiteres Symbol einfallen, das Sie gut gebrauchen können und gerne nutzen, dann können Sie das natürlich einbauen. Nur eine Bitte dazu, lassen Sie es mich wissen, denn ich bin neugierig und würde es anderen auch gerne mitteilen – kurze Mail und schon sind wir gemeinsam einen Schritt weiter. Wie sehen nun die Symbole im Einzelnen aus?

Auf den Punkt gebracht

78 Jeder Eintrag erhält eine fortlaufende Nummerierung, angefangen bei 1

Wenn Sie einen Eintrag mit einem weiteren Eintrag verknüpfen möchten, hängen Sie den Verweis für diesen Eintrag ebenfalls mit dessen Nummer an:

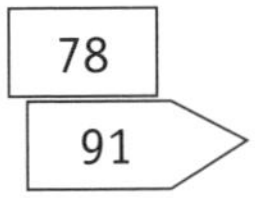

oder so

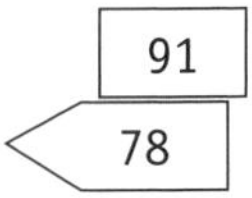

Der Vorteil bei diesem System ist, dass Sie ganz leicht einzelne Notizen wiederfinden bzw. auch Notizen verknüpft lesen können. Wenn ich in meinem Notizbuch die Notizen zum Thema „Symbolik“ lese, tue ich das in folgender Reihenfolge:

78 91 113 144

- Diese Seitenverweise sind wie ein Kompass und haben den Sinn, dass Sie nicht auf Chronologie achten müssen oder gar mit Platzhaltern arbeiten. Sie schreiben Seite für Seite nacheinander, da wo der nächste Punkt hinkommt.
- Die Nummerierung ist ein leichtes Hilfsmittel, somit können Sie Gedanken quer durch das Buch verfolgen und verknüpfen. Sie haben zum Beispiel eine Notiz mit der Nummer 5 geschrieben. Tage später fällt Ihnen zu diesem Thema eine weitere Notiz ein, Sie sind aber im Buch schon viele Seiten weiter. Dann wird der Verweis gesetzt, zum Beispiel:

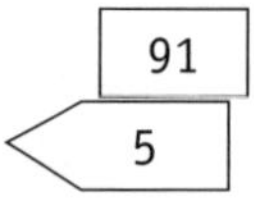

- Sie haben es sicher gemerkt. Grundvoraussetzung, um zu wissen, ob ein Seitenverweis notwendig ist, ist, dass Sie Ihr Notizbuch öfter durchlesen. Bei dem Thema „Rituale“ mehr dazu.

Die anderen Symbole sind Merker, das heißt, hier haben Sie sich Aufgaben zur Überprüfung gestellt.

Eine Erkenntnis! Sie haben eine Entdeckung gemacht, eine Erkenntnis gewonnen und daraus ein Fazit formuliert!

Ist das wirklich so? Kritisch betrachten!

 Wie ist es bei mir? – Recherchieren!

 Sichtweise ändern! Ich nehmen an, ich hätte nichts damit zu tun – als Kritiker, Mentor oder Experte etc.

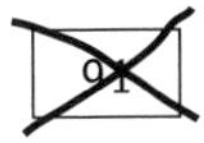 eliminiert/verworfen

- Ein Kreuz für den Punkt wird dann gesetzt, wenn Sie nach einer Überprüfung feststellen, dass der von Ihnen notierte Punkt nicht mehr wichtig ist, dass er nicht richtig war, dass Sie sich geirrt haben, ihn nicht mehr weiter verfolgen möchten oder ihn aus welchen Gründen auch immer verwerfen.
- Wichtig ist: Sie streichen nur den PUNKT, niemals den TEXT. Warum? Weil Sie dadurch nie einen Gedanken verlorengeben, vielleicht wird er später wichtig!

Das letzte Symbol hat eine besondere Bedeutung und deshalb will ich darauf etwas ausführlicher eingehen.

Die Kunst des Eliminierens oder Verwerfens

Die NOTIZBUCH-STRATEGIE kennt keine Fehler, sondern nur Entwicklung. Deshalb gehört das Eliminieren ebenfalls zur NOTIZBUCH-STRATEGIE, das heißt, etwas zu streichen oder zu verwerfen, weil es nicht sinnvoll erscheint oder es einem nicht gefällt. Wir Menschen haben nämlich mehrere Möglichkeiten, etwas zu lernen. Das kann durch Beobachtung oder Nachahmen geschehen, aber auch durch Versuch und Irrtum. Das Letztere ist leider heute nicht so gerne gesehen, denn es birgt Fehler und Fehlversuche in sich und wir glauben heute ganz fest daran, dass wir dafür keine Zeit haben können. Stellen Sie sich vor Albert Einstein, Isaac Newton oder Thomas Alva Edison hätten nicht den Mut und die Geduld gehabt zu versuchen. Aber nicht nur das, sie hatten auch den Mut, sich zu irren und eine Idee oder einen Lösungsansatz zu verwerfen. Sir Peter Ustinov schrieb in seinem Buch *„Achtung Vorurteile"*: „Es war ein wunderbarer Tag, ich habe mich geirrt." Der Philosoph Karl Raimund Popper sieht im Lernen an sich und in dem Lösen von Problemen einen Probiervorgang.

Darauf aufbauend entwarf er ein dreistufiges Modell:

1. das Problem
2. die Lösungsversuche
3. die Elimination

Interessant ist der 2. Punkt, denn er spricht hier in Mehrzahl (Plural), also von den Lösungsversuchen.

1, 2, 3 – Die Reihenfolge

Sie gehen am besten Schritt für Schritt vor. Beginnen Sie immer zuerst mit dem Grundsätzlichen, dann Tatsächlichem, weiter zum Erforderlichen und zu guter Letzt beschäftigen Sie sich mit dem Möglichen. Der Sinn besteht darin, dass Sie sich immer ausschließlich auf einen Schritt konzentrieren. Das Springen zwischen den einzelnen Schritten hat sich nicht bewährt. Es gehört ein wenig Disziplin dazu und ist am Anfang nicht einfach einzusehen, aber Sie sollten bei dem Schritt bleiben, mit dem Sie sich gerade beschäftigen. Sie haben sich gedanklich und emotional darauf eingestellt und das zu unterbrechen, ist nicht ratsam. Was ist aber, wenn Ihnen zum Schritt Tatsächliches, Erforderliches oder Mögliches etwas einfällt, wenn Sie gerade mit dem Grundsätzlichen beschäftigt sind? Auch wenn es merkwürdig erscheinen mag – machen Sie sich eine Notiz, aber springen Sie auf keinen Fall zum anderen Schritt. Halten Sie den Gedanken nur fest, konzentrieren sich aber weiterhin auf Ihren aktuellen Schritt. Wenn Sie Step für Step vorgehen, werden Sie die nächsten Schritte mit einer anderen Sichtweise angehen. Das ist ein weiterer Grund für diese Vorgehensweise. Der Tiefgang und die Sorgfalt sowie die Konzentration auf das Wesentliche werden dadurch gefördert.

Die 6 „Be" oder die Orientierung der NOTIZBUCH-STRATEGIE

Die häufigste Frage, die ich gestellt bekomme, lautet:

„Wie gehe ich an die Sache ran, woher weiß ich wie ich was und wann fragen muss."

Das ist eine gute Frage und ich möchte noch ergänzen: „Was kann ich tun, damit ich mich nicht verzettele und mich in meinen Gedanken verliere?" Dazu habe ich zwei Hilfsmittel entwickelt, die sich über viele Jahre bewährt haben. Sie werden in jedem Schritt der NOTIZBUCH-

STRATEGIE einige Aufforderungen bekommen, die ich gerne die **„Bes“** nenne. Das sind Aufforderungen, die mit der Silbe **„be“** beginnen. Damit werden Sie sich auf das Wesentliche eines jeden Schrittes konzentrieren können. Zusätzlich erhalten Sie in manchen Schritten noch Reflexionsfragen, die eine Vertiefung und Orientierungshilfe sind, um Ihren Aussagen Festigkeit und Fundament zu geben. Wie gesagt, in jedem Schritt werden die jeweiligen „Bes“ nochmal erläutert, Sie brauchen sich das jetzt nicht alles merken.

Die Einteilung

Ich werde oft gefragt, ob das reicht. Ja, denn die NOTIZBUCH-STRATEGIE konzentriert sich auf das Wesentliche. Allen, die eine große Schrift und deshalb Bedenken haben, dass der Platz nicht reichen könnte, empfehle ich ein DIN A 4 Buch, so einfach ist das.

Der erste Schritt – Grundsätzliches

Gehen wir Schritt für Schritt durch. Vielleicht haben Sie sich schon ein bestimmtes Thema vorgenommen oder beim Durchlesen Ihres kleinen Buches eines gefunden, das Sie weiter bearbeiten und betrachten möchten. Wie auch immer, beginnen Sie mit einer Überschrift. Sie machen also einen Übertrag und formulieren das in einer kurzen Überschrift, zum Beispiel „Mein Traumberuf“ oder „Meine Beziehung“, kurz und dennoch klar. Damit die nächsten theoretischen Erklärungen für Sie besser greifbar sind, habe ich auszugsweise einige Beispiele zum Thema „Gelassenheit“ benutzt. Lassen Sie uns mit dem Grundsätzlichen beginnen. Bitte, Sie brauchen noch nichts tun, lesen Sie die Schritte aufmerksam durch, denn wie bereits erwähnt, werden Sie und ich schon im nächsten Kapitel gemeinsam an ganz praktischen und aktuellen Themen aus dem Alltag arbeiten.

Der erste Schritt „Grundsätzliches“ beschäftigt sich mit zwei Aufgaben: Be-schreiben und Be-sinnen. Und das hat ausschließlich mit Ihrem „Ich“ ganz persönlich zu tun. Hier beschreiben Sie, um was es Ihnen gehen soll. Sie beschreiben Ihre Wünsche, Träume, Ideen und Einfälle und haben Gelegenheit, sich auf Ihre Wertevorstellung zu besinnen. Kurz, im Grundsätzlichen wird Ihre Haltung und Einstellung zu dem jeweiligen Thema bzw. zur Aufgabenstellung erarbeitet und als Grundsatz formuliert. Das können Werte sein oder aber eine Grundsatzerklärung, die Sie bei Ihren Entscheidungen zukünftig mit einbeziehen und daraufhin überprüfen. Es ist das Fundament Ihres Tuns. Das heißt, dass Sie im Gegensatz zu anderen Methoden und Arbeitsweisen, die nach dem Prinzip IST/SOLL agieren, zunächst das SOLL vor dem IST bestimmen. Der Sinn dieser Vorgehensweise ist, dass Sie aufgrund Ihrer klaren Vorstellung des Grundsätzlichen entspannter und vor allem ehrlicher den nächsten Schritt Tatsächliches betrachten, denn wenn wir uns noch nicht über das Grundsätzliche im Klaren sind bzw. es noch nicht verinnerlicht haben, neigen wir dazu, das Tatsächliche nicht korrekt zu beschreiben. Häufig wollen wir damit vermeiden, uns allein Schwächen zuzuschreiben und wälzen die Verantwortung auf andere ab. Das Umfeld, die Situation, Politik, Gesellschaft etc. lassen es eben nicht anders zu oder ich habe im Moment keine andere Wahl etc. Das ist keine böse Absicht von uns, das haben wir so gelernt, weil andere es sagten oder vorlebten und deshalb ist es wichtig, das zu „ent-lernen". Es ist für Sie von Vorteil, wenn Sie sich über Ihr Vorhaben als solches, Ihre Grundsätze und Ihre Einstellung vorher im Klaren sind. Unterscheiden Sie, was Sie wollen, aber legen Sie auch bewusst fest, was Sie nicht wollen. Wenn Sie das nicht festgelegt haben, werden Entscheidungssituationen zur Plage und das verleitet wiederum zum Aufschieben.

Ein Beispiel: Ich stand vor der Entscheidung, einen Auftrag anzunehmen, der sehr lukrativ war und mir ein gutes Honorar einbringen würde. Aus dieser Warte betrachtet, war es genau das, was ich wollte, eine faire und leistungsgerechte Bezahlung. Zu diesem Zeitpunkt wusste ich aber auch, was ich nicht wollte: Niemals würde ich für ein Unternehmen arbeiten, das eine Ideologie vertritt die auch die Manipulation ihrer Mitarbeiter forciert. Genauso stellte sich dieses Unternehmen aber dar. Weil ich wusste, was ich wollte und was ich nicht wollte, war es einfach, die für mich richtige Entscheidung zu treffen – ich lehnte ab, weil das, was ich nicht wollte, mir mehr wert war. Deshalb ist das „Be-schreiben" und „Be-sinnen" die Kernaufgabe des Grundsätzlichen.

Wie geht das nun? Sie haben Ihr Thema und damit Ihre Überschrift niedergeschrieben.
Lassen Sie sich Zeit und beginnen Sie mit den Schritten. Sie müssen nicht sofort losschreiben. Im Gegenteil! Ich empfehle sogar, sich alle „Bes" der Kategorie anzuschauen und einen inneren Dialog zu führen. Reden Sie mit sich selbst, fragen Sie sich alle Fragen durch. Es kommt der Punkt, an dem Sie einen klaren Gedanken haben, den Sie in Worte kleiden und festhalten wollen. Bevor Sie schreiben, formulieren Sie in Ruhe den Satz, den Sie

festhalten wollen. Lassen Sie sich Zeit. Wenn Sie das in Ruhe machen, brauchen Sie keine Bedenken zu haben, dass Sie den Satz wieder vergessen. Es ist eben genau die Ruhe, die entscheidend ist. Erst in Ruhe denken und dann ich aller Ruhe niederschreiben. Das ist ungewöhnlich in unserer heutigen Zeit, aber es hat sich bewährt. Als Beispiel und Anregung habe ich unter die „Bes" einige Impulse und Betrachtungsweisen, aber auch mögliche Fragebeispiele formuliert. Es sind aber nur Beispiele, das heißt, Sie können die Fragen stellen, die Ihnen einfallen und Ihnen wichtig sind. Allein die „bes" sind entscheidend Probieren wir es aus. Schauen Sie einfach zu, wie gesagt, die Übungen beginnen erst im nächsten Kapitel – Ruhe und Geduld sind gute Tugenden.

1. Be-schreiben

Am Anfang benötigen Sie eine bildhafte Vorstellung. Je klarer das Bild ist, umso einfacher und genauer lässt es sich be-schreiben. Machen Sie sich ein Bild von dem, was Sie gerne erreichen und haben möchten, kurz: Was wollen Sie genau? Mit dem Be-schreiben wird die **Überschrift** festgelegt. Der Journalist weiß, dass eine Überschrift kurz, klar und präzise das beschreiben muss, um was es im weiteren Text geht. Das ist genau Ihr Ziel. Mit einer kurzen und präzisen Überschrift leiten Sie Ihre NOTIZBUCH-STRATEGIE ein. Formulieren Sie einen ganzen Satz und vermeiden Sie Stichwörter.

Nicht: Gelassenheit
Besser: Wie kann ich mehr Gelassenheit erreichen?

Begründen Sie Ihre Strategie, das heißt, Sie legen das Fundament Ihres Denkens, Fühlens und Handelns fest. Zunächst klären Sie wie Ihr Denken, Fühlen und Handeln sein soll (Idealvorstellung, Traum, Vision). Was genau will ich? Was ist meine Vision? Wie würde ich mich gerne in dieser oder jener Situation sehen? Wie glaube ich, muss mein Denken, Fühlen und Handeln aussehen, dassich mein Problem eigenständig lösen kann? Sie können all das hineinlegen, was Sie gerne hineinlegen möchten. Das können Eigenschaften oder auch Verhaltensweisen sein, zum Beispiel Geduld, Aufmerksamkeit, Ruhe, Ausgeglichenheit oder Ähnliches. Es spielt dabei keine Rolle, ob Sie diese bereits leben oder erst in Ihre Lebensweise einbeziehen möchten. Auch das, was noch nicht zu Ihnen gehört, Sie aber gerne erlernen möchten, hat hier Platz. Mit diesen Aussagen be-gründen Sie die Veränderung/Lösung und bestimmen, in welche Richtung und mit welchen Grundsätzen Sie agieren möchten. Sie können auch niederschreiben, was Sie auf keinen Fall mehr möchten. Das ist eine Art Kontrolle, wenn Sie glauben, dass es Ihnen weiterhilft.

Frageimpulse

Nehmen wir nochmals die Frage aus dem Artikel „Egal, was andere wollen“: „Stellen Sie sich einmal vor, Sie könnten Ihr Leben so gestalten, wie Sie es sich schon immer erträumt haben. Sie müssten auf niemanden und nichts Rücksicht nehmen, sondern wären nur sich selbst verpflichtet.“

- Wie würden Sie gerne Gelassenheit erleben?
- Wie soll Ihre Gelassenheit im Alltag aussehen?
- Wie sollen andere Menschen Sie erleben?
- Was ist Ihr Motiv?

Diese Fragen helfen Ihnen, sich auf das Wesentliche zu konzentrieren, denn oft schwirren die Gedanken auf sogenannten Nebenkriegsschauplätzen oder Nebensächlichkeiten. Überprüfen und hinterfragen Sie sich, worum es bei Ihrem Thema wirklich geht. Was ist mir im Zusammenhang mit dem Thema wichtig? Ist Ihnen klar, worum es Ihnen geht, formulieren Sie die Überschrift und tragen Sie sie in Ihr großes Notizbuch ganz oben ein. Der erste Schritt ist gemacht.

2. Be-sinnen

Jeder Mensch hat in seinem Leben Situationen, in denen er über seine Werte nachdenkt. Bei der NOTIZBUCH-STRATEGIE ist dies ein wichtiger Punkt. Gerade diese Wertedefinition ruft bei den Teilnehmern meiner Seminare immer wieder ein besonderes Aha-Erlebnis hervor. Be-sinnen Sie sich auf Ihre Werte, denn darin liegt eine große Chance sie in Zukunft mit einzubeziehen.

Deshalb wird es im nächsten Kapitel auch eine Übung mit der Überschrift „Wie kann ich werteorientiert leben?“ geben.

Was sind Werte?

Wertvorstellungen oder kurz Werte sind Vorstellungen über Eigenschaften, von etwas, das dem Individuum sehr wichtig und von hoher Bedeutung ist. Dementsprechend wird auch von äußeren oder inneren Werten gesprochen. In der alltäglichen Verwendung ist ein Wert etwas, von dem behauptet wird, dass er in bestimmter Weise und in einem bestimmten Grad zur äußeren oder inneren Existenzerhaltung eines Lebewesens beiträgt. So ist etwa ein Brot ein Wert für einen Menschen zur Erhaltung seiner äußeren Existenz (Leib, Körper) oder die Treue zu einem Menschen ist ein Wert zur Erhaltung seiner inneren Existenz (Seele, Verfassung). Der Sinn von Wertevorstellung oder Wertorientierung ist, sich eine Orientierungsgrundlage zu schaffen, die hilft, die richtigen Entscheidungen für sich selbst zu treffen. Richtige Entscheidungen sind die, bei denen Sie ein reines und befriedigendes Gewissen für sich haben und es Ihnen leicht fällt, für diese getroffene Entscheidung und deren Wirkung Verantwortung zu übernehmen. Werte haben also eine besondere Qualität in der Entscheidungsfindung und fördern die Eigenverantwortung und die Selbstbestimmung.

WICHTIGER HINWEIS

Alles was du tust, tue es mit Werten, sonst ist es wertlos.
Alles was du tust, tue es mit Sinn, sonst ist es sinnlos.
Alles was du tust, tue es mit Liebe, sonst ist es lieblos.

© Oliver Groß

Frageimpulse

Mit welchen Wertmaßstäben möchte ich mich meiner Gelassenheit nähern? Welche Werte sind für mich entscheidend?

Formulieren Sie jetzt die für Sie entscheidenden Grundsätze, die als Entscheidungsgrundlage unverzichtbar sind.

Die Reflexionsfragen

a. Habe ich meine Wertvorstellung klar formuliert?
b. Entspricht das meiner Wertvorstellung?

c. Welchen Sinn soll meine Aufgabe haben?

Diese Grundsätze begleiten Sie jetzt durch das Thema. Ich halte die Grundsätze für das Fundament des selbstbestimmten Denkens, Fühlens und Handelns. Lesen Sie sie sich immer wieder durch: Es beflügelt, bewirkt etwas in Ihnen und bestärkt Sie in Ihrem Tun.

Der zweite Schritt – Tatsächliches

In diesem Schritt geht es darum, sich ein Bild davon zu machen, wie Sie Ihr Denken, Fühlen, Handeln sowie Ihre Umwelt und Ihr Umfeld sehen. Nehmen Sie diesen als eine Chance, eine Art Inventur zu machen. Es gibt nichts, worüber Sie sich ärgern sollten oder für das sie sich gar schämen müssten. Sie haben ja im Grundsätzlichen einen Neubeginn und Anfang in aller Klarheit über sich und Ihr zukünftiges Denken, Fühlen und Handeln bestimmt. Sehen Sie die Betrachtung des Tatsächlichen als einen Rückblick, doch seien Sie dabei ehrlich zu sich selbst, umso eher gelingt Ihnen auch Ihr Vorhaben. Eine Bestandsaufnahme ist nicht immer einfach, wagen Sie doch einen Blick auf die Realität mit der Tatsache, dass Differenzen zwischen „Wie will ich sein“ (Grundsätzliches) und „Wie bin ich wirklich“ offenkundig werden.

Ich erlebe es leider immer wieder, dass der eine oder andere versucht sich zu beschummeln. Es hilft Ihnen nicht wirklich. Im Gegenteil, die NOTIZBUCH-STRATEGIE hätte ihre Wirkung verloren, da Sie sehr schnell davon überzeugt wären, keinen Handlungsbedarf zu haben. Er ist aber da, denn sonst hätten Sie sich keine Notizen gemacht und sie wären auch nicht übertragen worden. Das ist Ihre Chance! Die meisten Menschen sind es gewohnt, bei solchen Betrachtungen auf das zu sehen, was sie sehen wollen. Zum Beispiel: *Wenn ich zu spät bin, sind alle Ampeln rot, viel mehr Verkehr als sonst und LKWs sind heute besonders viel, unterwegs.* Ist das wirklich so? Nein, natürlich nicht oder glauben Sie im Ernst, dass ein aufgeweckter und boshafter Mitarbeiter der Verkehrsüberwachung nichts Besseres vorhat, als Ihnen rote Ampeln zu bescheren oder extra Umleitungen einzurichten, damit Sie ja viele LKWs vor der Nase haben. Oder anders gesagt, wer das glaubt, glaubt auch, dass ein Zitronenfalter Zitronen faltet. Also, es geht darum, ein möglichst ehrliches und wahrhaftiges Bild davon zu bekommen, wie bei Ihrem jeweiligen Thema Ihr Denken, Fühlen und Handeln bisher war. Die NOTIZBUCH-STRATEGIE hat auch hierfür ein „Be“ vorgesehen und wie schon im vorherigen Abschnitt werde ich Ihnen wieder ein paar Fragebeispiele dazu geben.

Be-trachten – Wahrnehmung und Erinnerung

Das Wichtigste ist jetzt, dass Sie den Schritt Grundsätzliches zunächst außer Acht lassen. Wenn es Ihnen hilft, decken Sie es einfach mit einem Blatt ab, während Sie schreiben. Warum? Es kann passieren, dass Sie sonst Ihre Wahrnehmung beeinflussen und es schon so niederschreiben, als wäre alles in Ordnung. Das ist keine Absicht, wir Menschen sind halt mal so. Jetzt könnten Sie auf die Idee kommen und sagen, dann teile ich das Buch anders ein und kann es so mit Umblättern umgehen. Das ist nicht vorteilhaft, denn später benötigen Sie wieder den großen Überblick, deshalb die Doppelseiten. Nehmen Sie sich ein wenig Zeit und be-trachten Sie das, was Sie wahrnehmen, und das, was Ihnen die Erinnerung sagt. Schreiben Sie auch hier in ganzen Sätzen und seien Sie vor allem ganz ehrlich zu sich selbst. Nur dann funktioniert auch die NOTIZBUCH-STRATEGIE. Es kommt immer wieder einmal vor, dass mir jemand erzählt, dass es nicht funktioniert hat. Mittlerweile stelle ich sehr schnell fest, dass zu 80 Prozent „Tatsächliches" den Misserfolg verursacht hat. Der Grund: Es wurde beschönigt und nicht das aufgeschrieben, was tatsächlich ist. Also, seien Sie ehrlich zu sich selbst. Auch die Erinnerung kann Ihnen weiterhelfen, versuchen Sie sich an solche oder ähnliche Situationen zu erinnern. Aus der Erinnerung leiten Sie im nächsten Abschnitt Erfahrung und Erkenntnis ab. Es ist auch immer wieder erstaunlich, was wir alles schon längst wissen, weil wir bereits schon über eine Menge Erfahrungswerte verfügen. Nur vergessen wir das manchmal. Aus diesem Grund weise ich in meinen Vorträgen und Seminaren immer wieder darauf hin, dass es sinnvoll ist, sich ein wenig Zeit einzuräumen, um die Erinnerungen abzurufen. Erinnerungen sind gemachte Erfahrungen und daraus resultierende Erkenntnisse. Das heißt nicht, dass sie auch für diesen Fall oder für die jetzige Zeit noch gültig sind, aber das kann ich nur prüfen, wenn ich meine Erinnerungen abrufe. Denken Sie doch nur mal an das Schreiben in der Schule. Unsere gemachte Erfahrung – aus der Erinnerung gesehen – ist, dass wir eine gute Note erhielten, wenn wir ordentlich in unser Heft geschrieben haben. Die Erkenntnis jetzt: Zum einem sind wir nicht mehr in der Schule, das heißt, wir bekommen keine Noten mehr, und zum anderen ist es Ihr persönliches Buch, was Sie für sich schreiben. Unsere Erfahrungen und Erkenntnisse kommen also auf den Prüfstand. Schreiben Sie die auf, die Ihnen eine Unterstützung sind. Dazu bedienen wir uns wieder eines Beispiels, das ein Teilnehmer für dieses

Buch freigab. Schreiben Sie alles auf, was Ihnen zu Ihrem Thema – in unserem Beispiel Gelassenheit – an tatsächlichen Erlebnissen und Ereignissen einfällt.

Frageimpulse

- Wann ist es mir bewusst gelungen, Gelassenheit zu demonstrieren und wann nicht?
- Wo verliere ich schnell meine Gelassenheit?
- Welche Situationen fallen mir ein, wo ich schnell auf die Palme gehe?
- Wie habe ich mich im Allgemeinen und im Besonderen dabei verhalten?
- Welche Werte habe ich bewusst meinem Handeln zugrunde gelegt?
- In welchen Situationen empfinde ich im Nachhinein mein Denken, Fühlen oder Handeln als nicht sehr vorteilhaft?
- Welche Situationen gab es, wo mein Denken, Fühlen und Handeln meinen jetzigen Grundsätzen am ehesten entsprach?
- Welche Auswirkung hatte es für mich und andere?

Die Reflexionsfragen

a. Ist das wirklich so?
b. Woher weiß ich das?

Auch hier gilt: Sie müssen nicht sofort losschreiben. Bevor Sie schreiben, formulieren Sie in Ruhe den Satz, den Sie schreiben wollen. Lassen Sie sich Zeit. Wenn Sie das in Ruhe machen, brauchen Sie auch keine Bedenken zu haben, dass Sie den Satz wieder vergessen. Es ist eben genau die Ruhe, auf die es ankommt. Erst in Ruhe denken und dann in aller Ruhe niederschreiben.

Der dritte Schritt – Erforderliches

In dem Wort Erforderlichkeit stecken Begriffe wie Aufgabe, Maßnahme oder Auftrag, den ich mir selbst erteile. Es geht also darum, dass Sie jetzt Erforderlichkeiten bestimmen. Dabei gibt es zwei Regeln zu beachten. Sie müssen davon überzeugt sein …

1. dass Sie Ihnen weiterhelfen beziehungsweise dass sie zur Lösung Ihres Vorhabens auch geeignet sind.
2. dass Sie diese auch ausführen möchten und können.

Das muss klar sein, sonst ist es nichts weiter als eine Notiz. Das Erforderliche bedarf eines genauen Hinsehens und Betrachtens und deshalb gilt auch hier oder besonders hier, sich genügend Zeit zu lassen. Im Prinzip ergibt sich das Erforderliche aus der Abweichung, Widersprüchlichkeit und Diskrepanz zwischen dem Grundsätzlichen und dem Tatsächlichen. Doch wie gesagt, das darf nicht überhastet geschehen, sonst kann es passieren, dass Sie Floskeln stehen haben, die Ihnen kein Stück weiterhelfen. Zunächst müssen Sie sich also darüber im Klaren werden, welche Erforderlichkeit (auch Maßnahme oder Aufgabe) Ihnen jetzt weiterhilft. Wenn Ihnen das bewusst ist, beginnen Sie diese Maßnahmen zu beschreiben. Die NOTIZBUCH-STRATEGIE hat auch hierfür ein „Be“ vorgesehen.

Be-stimmen

Sie sind jetzt an den Punkt gekommen, wo Sie konkrete Aufgaben, Lösungsversuche oder Maßnahmen bestimmen. Das Allerwichtigste ist, dass Sie das äußerst konkret tun. Mit konkret ist die Formulierung nach dem Was und Wie gemeint. Was ist Ihrer Meinung nach wirklich erforderlich, was wollen Sie konkret anders machen, welche Maßnahme einleiten und wie wollen Sie diese angehen. Lesen Sie sich die beiden Seiten Grundsätzliches und Tatsächliches noch mal genau durch. Was fällt Ihnen ein? Schauen Sie in Ruhe und ganz genau hin. Lassen Sie die Aussagen vor Ihrem geistigen Auge ganz lebendig, wie eine Art Film ablaufen. Worum geht es wirklich? So erkennen Sie sehr leicht, welche Abweichungen, Widersprüchlichkeiten und Diskrepanzen zwischen den Schritten „Grundsätzliches" und „Tatsächliches" bestehen. Jetzt kommt es auf die Formulierung an. Nehmen wir unser Beispiel „Gelassenheit". Wenn Sie Ihre Notizen in Grundsätzliches und Tatsächliches aneinanderhalten, könnten Sie als ein Ergebnis auf die Seite Erforderliches zum Beispiel schreiben: „Ich muss gelassener werden." Das eben ist eine Floskel! Das hört sich gut an, lässt sich aber nicht greifen und ist auch keine echte, nachvollziehbare Aufgabe. Was heißt das schon, ich muss gelassener werden. Wie machen Sie das, wie lange denken Sie daran oder anders, wie oft haben Sie sich das schon vorgenommen?

Nicht: Ich muss gelassener werden.

Besser:

- Ich werde meine Situationen genau betrachten und wenn mich die Gelassenheit verlässt, halte ich dies in meinem kleinen Buch sorgfältig fest, um herauszufinden, wie ich dabei denke, fühle, handele und welchen Wert und welche Folgen es für mich hatte.

- Vor allem werde ich beschreiben, wie es zu den Situationen überhaupt kam, was der Auslöser war und wo ich – wenn auch im Nachhinein – eine Chance sehe, in Zukunft anders zu reagieren.

Warum so und nicht anders?

Stellen Sie sich folgende Situation vor: Sie lesen ein paar Wochen später diese Seite in Ihrem Notizbuch. Mit der Variante 1 „Ich muss gelassener werden" werden Sie **später** zufrieden nicken und sagen, genau, ich habe mir so oft wie möglich vorgenommen, gelassen zu sein. Was hat sich geändert? Nichts!

Mit der Variante 2 müssen Sie sich **später** fragen: Habe ich das, was ich mir konkret vorgenommen habe, auch durchgeführt? Habe ich die Situationen genau beschrieben und sorgfältig in meinem kleinen Notizbuch festgehalten? Habe ich meinen Tagesablauf darauf abgestimmt? Selbst wenn Sie das jetzt verneinen müssen, haben Sie eine großartige Chance und die kann so aussehen: Was wird sich ändern können, wenn ich gelassener damit umgehe? Wie müsste diese Gelassenheit aussehen? Heute werde ich in aller Ruhe ein Gespräch suchen und vor allem hinterfragen, was wir gemeinsam ändern können, um eine Lösung zu erlangen. Sie sehen, wenn Sie konkret sind, haben Sie immer wieder eine neue Chance, bis es Ihnen gelungen ist.

Der Spaß am Erledigen

Durch diese Schritte werden Sie konkreter und mit jeder erledigten Maßnahme rücken Sie einen Schritt weiter zu Ihrem Ziel. Das aber geschieht selbstbestimmt und Sie werden bemerken, dass der Zwang völlig raus ist. Sie werden Spaß daran bekommen, Erforderliches zu erledigen.

Impulsfragen

- Welche Abweichung, Widersprüchlichkeit und Diskrepanz gibt es zwischen Grundsätzlichem und Tatsächlichem?
- Welche Maßnahmen sind erforderlich?

Die Reflexionsfragen

- Ist das nützlich?
- Hilft mir meine Maßnahme wirklich weiter?
- Ist das mit meinem GRUNDSÄTZLICHEN vereinbar?

Der vierte Schritt – Mögliches

In diesem Schritt werden Ihre Vorstellungen gefestigt. Das geht allerdings nur, wenn Sie selbst von der Realisierbarkeit Ihrer Maßnahmen überzeugt sind. Ist das nicht der Fall, empfehle ich hier eine Nachprüfung. Sie legen jetzt alle Möglichkeiten, die Sie haben, fest und machen Sie zu Ihren Aufgaben. Deshalb unterscheide ich zwei Möglichkeitsebenen:

M1 = Welche Möglichkeiten habe ich –
Hilfe und Unterstützung
M2 = Welche Möglichkeiten bieten sich mir konkret,
um meine Ziele umzusetzen.

Be-gegnen = M1

Unterstützung und Hilfe zu brauchen ist eine sehr gute Erkenntnis und ein Zeichen von Stärke – sei es in Form einer Gefälligkeit, Information, einer Begleitung, Beratung oder der Schaffung gewisser Wissensvoraussetzungen. Das kann ein Vortrag oder Seminar sein oder Sie beschließen, einen Mentor, Freund oder Berater mit ins Boot zu holen. Wenn Sie an bestimmte Personen denken, sollten Sie das auch vorab mit ihnen geklärt haben, sonst wird es zur Phrase. Die Person sollte sich für Ihr Vorhaben wirklich interessieren und dem unbedingt positiv gegenüberstehen. Kritiker, Miesepeter oder Grantler sind nicht die erste Wahl, eher das Letzte, was Ihnen passieren sollte. Und was ist mit einem Berater? Ich würde davon zunächst Abstand nehmen, denn ich bin davon überzeugt, wenn es um Ihre persönlichen Fragen geht, kennt keiner die Antworten besser als Sie selbst. Das heißt jetzt aber nicht, dass Sie diese Möglichkeiten gar nicht nutzen sollten. Sie sollten nur immer den ersten vor dem zweiten Schritt machen. Kommen Sie mal nicht weiter oder haben eine Frage und die Möglichkeit, dann fragen Sie zum Beispiel einen Seminarleiter oder Berater nach seinen Erfahrungen und ob er einen Tipp hat oder jemanden kennt, der Ihnen weiterhelfen könnte – aber bitte unentgeltlich! Seminarleiter und Trainer, die auf so etwas nicht eingehen oder nicht versuchen zu helfen, können Sie auch in Zukunft getrost aus Ihrer Liste streichen.

Impulsfragen

- Wer kann mir helfen?
- Was hilft mir, mein Vorhaben zu unterstützen?
- Welche Informations- und Wissensquellen helfen mir weiter?

Die Reflexionsfrage

- Ist das für mich vorstellbar (realistisch)?

Be-gründen = M2

Mit Be-gründen ist das Gründen gemeint, nicht das Argument. Sie begründen Ihre Strategie, das heißt, Sie legen die nächsten bewussten Schritte Ihres Denkens, Fühlens und Handelns fest und bestimmen das genaue Vorgehen Ihrer Veränderung. Nun formulieren Sie, wo konkret Sie es sich vorstellen können, Ihre Umsetzung zu beginnen und durchzuführen. Auch hier gilt: ein Schritt nach dem anderen. Wer sich zu viel vornimmt, verliert leicht die Lust am Weitermachen. Das ist ein sehr wichtiger Schritt. Gerade, wenn es mal nicht so läuft wie geplant, können die aufgeschriebenen Notizen Sie wieder anspornen. Im Gegensatz zu herkömmlichen Zielbeschreibungen legt die NOTIZBUCH-STRATEGIE ganz besonderen Wert auf Ihr gefühltes Ziel. Gefühlte Ziele spiegeln und vertiefen Ihre Grundsatzgedanken und somit berufen Sie sich immer auf Ihre Grundsätze. Das ist nachhaltiger und selbstbestimmter. Sie werden Ihr Ziel erreichen und stärken dadurch enorm Ihr Selbstwertgefühl. Daraus folgt, dass Sie Mut und Motivation haben, Anlauf für das nächste Vorhaben zu nehmen.

Impulsfragen

- Mit welchen Lebenssituationen (Privat, Beruf, Freizeit, Freunde, Familie etc.) möchte ich zuerst beginnen?
- Welche Möglichkeiten schaffe ich mir, um mich jeden Morgen daran zu erinnern?

Die Reflexionsfrage

a. Ist Ihr Plan konkret formuliert?

Denken Sie daran, was Strategie heißt: Eine Strategie ist ein längerfristig ausgerichtetes planvolles Anstreben einer vorteilhaften Lage oder eines Ziels.

Wie, schon fertig?

Sie haben es geschafft, Sie kennen jetzt alle Schritte und Besonderheiten der NOTIZBUCH-STRATEGIE und können nun beginnen. Sie übernehmen jetzt Verantwortung für sich selbst. Dazu gehört es auch, dass Sie sich fragen, wie Sie sich für Ihre Schritte, Teilerfolge und Erfolge belohnen möchten. Das muss gar nichts Großes sein. Das kann ein Besuch in Ihrem Lieblingsrestaurant sein oder eine Kleinigkeit, die Sie sich ganz persönlich kaufen wollen. Es geht darum, dass Sie ein Bewusstsein für Ihre Erfolge bekommen. Es ist eben nicht selbstverständlich, sondern das Ergebnis einer konsequenten und ehrlichen Auseinandersetzung sowie der disziplinierten Umsetzung. Denken Sie daran, es sind immer die kleinen Schritte, die es ausmachen, weil sie einfacher zu gehen sind. Denken Sie auch daran, dass diese Strategie keine Fehler und keine Misserfolge kennt, sondern nur Entwicklung, es sei denn, Sie hören auf, sich mit sich selbst und Ihren Vorhaben auseinanderzusetzen. Sie werden sehen, wenn Sie ein Vorhaben angehen und letztendlich umgesetzt haben, werden Sie neue Themen finden und Lust daran gewinnen, weiterzumachen. Vergessen Sie aber nicht Ihr kleines Notizbuch oder Sudelbuch zu pflegen. Haben Sie es immer dabei und schreiben Sie ohne Wenn und Aber alles auf, was Sie an Einfällen, Gedanken und Ideen haben oder an Impulsen bekommen.

Die NOTIZBUCH-STRATEGIE – Überraschung

Dieser Abschnitt birgt eine großartige Überraschung. Was nützt die beste Strategie, wenn Sie diese nicht umsetzen können, weil andere, die daran beteiligt sein sollten, nicht wollen.

Es ist sehr häufig so (vielleicht haben Sie diese Erfahrung auch schon machen müssen), dass eine gute Idee von anderen abgeschmettert wurde. Es lag aber nicht an der Idee, sondern daran, dass Sie keine logischen und in sich geschlossenen Argumente parat hatten. Auch dieser Aufgabe hat sich die NOTIZBUCH-STRATEGIE gestellt und bei der Entwicklung der Strategie darauf geachtet, dass die Argumentation im klassischen und professionellen Sinn erfüllt wird. Um zu überzeugen, benötigen Sie die Argumentation und es ist sinnvoll, sich einen Augenblick damit zu beschäftigen. Viele Menschen benutzen keine echte Argumentation, sondern setzen auf reine Behauptungstaktik. Das Groteske daran ist, dass wir oft darauf hereinfallen und glauben, dass argumentiert wird. Gründe gibt es viele: Blenderische Rhetorik oder eine autoritäre Vortragsweise, aber in den allermeisten Fällen hat es was mit Hierarchie zu tun – wenn der Chef es sagt, traut sich meist keiner zu widersprechen. Bei genauer Betrachtung fällt auf, dass eben die meisten nicht argumentieren. Teilnehmer berichten des Öfteren aus eigener Erfahrung, dass sie zwar großartige Ideen und Einfälle hatten, aber sobald sie andere – ob im Beruf oder privat – überzeugen wollten, liefen sie regelrecht gegen die Wand. Entweder wurden sie nicht ernst genommen oder sie wurden mit Gegenargumenten konfrontiert, worauf sie nicht antworten konnten. Im schlimmsten Fall wurden sie mit Phrasen wie „das kennen wir schon“, „hat keinen Sinn“, „zu teuer“ etc. regelrecht abgewatscht.

Ein Argument ist in drei Schritten eingeteilt:
1. These (Behauptung)
2. Begründung der These
3. Schlussfolgerung

Soweit ist das bekannt. Was weniger bekannt ist, dass ich sogar für meine These schon eine Begründung benötige. Wie komme ich überhaupt dazu, eine solche These aufzustellen? Die Argumentation hat gewöhnlich drei, die NOTIZBUCH-STRATEGIE vier Schritte, um eben die Begründung für eine These gleich mitzuliefern. Was benötigen Sie jetzt, um bei Ihrer Strategie auch sicher argumentieren zu können? Etwas salopp gesagt, eine leserliche Schrift und die Fähigkeit, lesen zu können. Das klingt sehr lässig, aber es ist genau so.

1. Beginnen Sie in Ihrer Ausführung damit das Grundsätzliche, was Sie zu dem jeweiligen Thema bestimmt haben, vorzutragen. Sie müssen es nicht Wort für Wort ablesen – das ginge zwar auch – besser ist, es in einer Art Rede vorzutragen. Damit haben Sie zwei Fliegen mit einer Klappe geschlagen, denn zum einen begründen Sie, wie Sie zu Ihrer These gelangt sind, und zum zweiten, wie Ihre These lautet. Das Begründen, wie Sie zu Ihrer These gelangt sind, wird fast immer eine persönliche Note haben, denn Sie haben dies ja mit Ihrem Denken, Fühlen und Handeln beschrieben. Das ist perfekt, denn nur dumme Menschen würden Ihnen ins Wort fallen. Und darum geht es zunächst, Ihre Ausführungen sollten nicht

unterbrochen werden, bis Sie den Vortrag ausführlich und rund rübergebracht haben. Ihre These ist leicht verständlich und Sie untermauern Ihre Absicht zu guter Letzt mit Ihren Wertvorstellungen, warum Sie das wollen und welche Grundsätze Sie bestimmt haben.

2. Das ist die Betrachtungsweise des Tatsächlichen – hier zeigen Sie auf, was Ihre These untermauert. Beachten Sie bitte dabei, dass Sie in der „Ich-Form" bleiben und niemanden anschwärzen oder bloßstellen. Das machen nur schwache und unsichere Menschen. Nein, Sie zeigen sich verantwortlich und sorgfältig bei der Betrachtung des Tatsächlichen.

3. Zeigen Sie Ihren Lösungsvorschlag auf.

4. Kommen Sie zu Ihrer Schlussfolgerung, in der Sie die Möglichkeiten aufzeigen. Wenn es Ihnen gelingt, diese Schlussfolgerung als einen logischen Schluss Ihrer These und Begründung darzustellen, haben Sie schon die Zuhörer für sich gewonnen.

Dies ist die klassische Argumentationsformel – modern und vereinfacht übersetzt.

4. Kapitel
Mögliches – Augen zu und durch

Der Mentor

Was, wenn ich meinem Leben eine Wende geben möchte? (Selbstkonzept)

In diesem Kapitel möchte ich mit Ihnen die NOTIZBUCH-STRATEGIE an praktischen Beispielen gemeinsam erarbeiten. Dazu verwende ich Themen, die von Lesern meines Blogs gewählt worden sind. Diese Auswahl soll stellvertretend sein und Sie motivieren, Ihre eigenen Vorhaben zu beginnen und umzusetzen. Was wird jetzt geschehen? Ich werde Sie jetzt begleiten und mit Ihnen das Thema **„Leinen los – Mein Job ist in Gefahr!"** durchgehen. Im 6. Kapitel finden Sie als weitere Themen **„Mein persönlicher Weg zu mehr Gelassenheit"** und **„Wie finde ich meine authentische Rhetorik"** sowie viele Themenvorschläge, die sich für die NOTIZBUCH-STRATEGIE eignen! Beginnen wir also mit dem Thema „Leinen los – Mein Job ist in Gefahr!"

Nehmen Sie sich für jedes Thema Zeit, das heißt, es ist überhaupt nicht das Ziel, dass Sie und ich jetzt alles in einem Rutsch erarbeiten. Nein, immer wenn Sie das Gefühl haben, für heute ist es genug, legen Sie das Buch und Ihr persönliches Notizbuch beiseite und machen am anderen Tag weiter. Zur Vorgehensweise sei gesagt, dass ich das Thema mit ein paar Gedanken einleite und dann gehen wir gemeinsam alle vier Schritte systematisch durch. Ich wiederhole mich sicher, aber es ist mir wichtig, darauf aufmerksam zu machen, dass ich Ihnen keine Lösung vorgebe, sondern nur Impulse, Erfahrungen und Ideen. Sie alleine werden das Thema erarbeiten. Sollte es nicht Ihr Thema sein, lesen Sie es sich dennoch durch, damit Sie die Vorgehensweise auf Ihr Thema übertragen können.

HINWEIS

Geduld, Geduld, Geduld – das kann ich gar nicht oft genug betonen. Wenn wir jetzt die einzelnen Schritte erarbeiten, brauchen Sie auch Geduld mit sich selbst. Haben Sie den Mut, das Buch auch mal aus der Hand zu legen und am anderen Tag weiterzumachen. Kein Mensch erwartet, dass Sie alles in einem Durchgang erledigen. Noch mal, dies ist kein Buch zum Konsumieren. Ich möchte, dass Sie die NOTIZBUCH-STRATEGIE als Begleiter haben und immer anwenden können, wenn Sie es für nötig halten. Ich kann natürlich verstehen, dass Sie loslegen möchten, aber geben Sie sich die Zeit, es lohnt sich.

Impuls: Leinen los – Mein Job ist in Gefahr!

Die heutigen Zeiten haben Werte wie Verlässlichkeit oft verloren und das zeigt sich häufig bei dem Thema Arbeitsplatz. Sicher ahnen viele im Voraus, dass der eigene Arbeitsplatz in Gefahr ist und doch glimmt immer noch ein Funke Hoffnung in ihnen. So kann es sehr schnell passieren, dass der Betroffene es verdrängt und die Nachricht der Kündigung letztendlich doch wieder überraschend ist. Zunächst stehen die meisten ohnmächtig vor der Situation und erleben sie als eine Art Stillstand. Nichts scheint sich mehr zu bewegen und schon macht sich der Frust über die gefühlte Ungerechtigkeit und mangelnde Anerkennung des bisher gezeigten Engagements breit. Aus Frust wird Ärger, der Gelegenheit gibt, sich über Vergangenes zu beschweren und sich Luft zu machen. All das hält nicht lange und sind wir ehrlich, es ändert an der Situation nicht das Geringste. Genau diese Erkenntnis lässt in der letzten Phase der Verarbeitung Angst entstehen, die sich vielfältig ausdrückt. Zum Beispiel die Existenzangst mit den Fragen: Kann ich mein Haus, meine Wohnung behalten? Bekomme ich eine neue Arbeitsstelle? Was wird aus meiner Zukunft? Oder die Sorge um das soziale Umfeld: Die Angst, was sagen meine Freunde, Nachbarn, meine Lebenspartner, meine Kinder – was denken sie von mir? Der Bericht eines Seminarteilnehmers zeigt alle diese Phasen sehr deutlich und ich bin sicher, dass dies in dieser Art häufig empfunden und erlebt wird:

„Es war an einem Samstagmorgen. Ich ging zum Postkasten und fand einen Briefumschlag von der Firma an mich. In meiner Verwunderung fragte ich mich: Was kann das sein? Eine Gehaltserhöhung oder eine Beförderung? Mir zitterten die Hände, als ich den Brief öffnete und im selben Augenblick traf es mich wie ein Blitz aus heiterem Himmel: Die Kündigung! Ich war wie gelähmt und mir wurde abwechselnd heiß und kalt. Soll das der Lohn jahrelanger Mühe sein? Erst Ohnmacht, jetzt Stillstand, ich saß jetzt in der Küche und starrte fassungslos auf den Brief, doch mir gelang es nicht, auch nur einen klaren Gedanken zu fassen. Wie lange es dauerte, weiß ich nicht mehr, aber langsam kam die Wut in mir hoch. Jahrelang habe ich alles hingenommen und geglaubt, was mir die Führungskräfte sagten. Einmal bekam ich keine Lohnerhöhung, weil die Zeiten schlecht waren, ein anderes Mal scheiterte es daran, weil die Firma investieren muss, um im globalen Markt zu bestehen, dann war es nicht möglich, weil man Rücklagen bilden musste usw. Parallel zu diesen Aussagen wurde mir klar gemacht, dass ich meine Leistung steigern muss, Überstunden ohne Ausgleich

heute dazugehören und überhaupt sollte ich froh sein, dass ich einen Job habe. Und nun? Arbeitslos! Mir wurde schlecht und aus der Ohnmacht entwickelte sich Wut, die in Angst mündete."

Ich habe bewusst dieses sehr schwierige und heikle Thema ausgesucht. Zu einen, um Ihnen Mut zu machen, auch scheinbar schwierige Situationen anzupacken, und zum anderen, um Ihnen zu zeigen, was die NOTIZBUCH-STRATEGIE im Stande ist zu bewegen. Dieses Thema lässt sich auch leicht abändern, wenn Sie zwar eine Arbeit haben, aber sich nicht wohlfühlen, könnte es auch heißen „Auf zu neuen Ufern – wie ich mich beruflich neu orientiere." Wenn Sie sagen, das ist ganz und gar nicht mein Problem, ersetzen Sie es durch ein aktuelles Thema, das Sie beschäftigt, und gehen Sie mit mir die einzelnen Schritte gemeinsam durch oder lesen Sie einfach in Ruhe dieses Kapitel und schauen dann, ob im Kapitel 6 ein Thema ist, das Sie mehr interessiert. Wichtig ist nur, dass Sie sich mit diesem Kapitel beschäftigen, weil es sehr ausführlich beschrieben wird. Sollten Sie von meinem Beispielthema aktuell betroffen sein, wünsche ich Ihnen von Herzen Erfolg und eine neue Perspektive, die Ihnen Mut, Hoffnung und Antrieb gibt, zu verändern, was notwendig ist.

1. Schritt – Grundsätzliches

Stellen Sie sich ein kleines Schiff vor, es ist an Leinen an der Anlegestelle befestigt und der Kapitän möchte aus dem Hafen fahren. Genau so möchte ich vorgehen. Sie wissen, in welchem Hafen Sie stehen, er heißt „ohne

Arbeit". Das Schiff ist Sinnbild für Ihre eigene Person und hat deshalb auch Ihren Namen, zum Beispiel Sophia Glück oder Hans Glück. Ihr Schiff, also Sie selbst, liegt festgemacht in diesem Hafen, an einem Anlegestelle (Pier) und diese nennen wir „Angst". Das Besondere an diesem Bild ist, Sie sind auch der Kapitän und können bestimmen, wo es hingehen soll. Dass Sie ein neues Ziel aussuchen, ist auch sinnvoll, denn wie auch in der wirklichen Schifffahrt kostet das angelegte Schiff jeden Tag eine Gebühr – nennen wir sie „Kraft und Energie". Also, Ihr Schiff – eigener Name – liegt im Hafen „ohne Arbeit" am Pier „Angst" und kostet jeden Tag „Kraft und Energie" und das werden wir jetzt ändern.

Die Situation ist bekannt und deshalb konzentrieren Sie sich zuerst auf Ihr neues Ziel und beschreiben Sie Ihre Wünsche, Träume und Visionen. Ich möchte Ihnen ein Beispiel zeigen, das ein Teilnehmer Ihnen zur Verfügung stellte und wofür ich mich bedanke.

So etwa könnte Ihre Notiz aussehen

Ich will mir einen Beruf und eine Aufgabe suchen, die ganz meinen Fähigkeiten und Interessen entspricht. Das soll die oberste Priorität haben.

Egal, was ich in Zukunft arbeiten werde, es soll mein Glück in der Beziehung und Familie unterstützen.

Alles ist erlaubt, das heißt, ich schaue mir auch Angebote an, die vielleicht auf den ersten Blick gesehen gar nicht zu mir passen. Ich will mutig sein und mich auch mit ganz anderen Arbeitsplatzangeboten auseinandersetzen.

So ähnlich kann Ihr erster Schritt aussehen, einfach schreiben.

Be-schreiben Sie Ihre Wünsche

Denken Sie daran, in ganzen Sätzen zu schreiben und auch daran, dass Sie das schreiben, was Sie sich vorstellen, es muss mit der Wirklichkeit noch nichts zu tun haben. Kennen Sie das Lied: Die Gedanken sind frei ...? Träumen Sie jetzt, schreiben Sie sich Ihre Träume von der Seele ohne Zensur, alles ist erlaubt.

Impuls:

- Stellen Sie sich einmal vor, Sie könnten Ihr Leben so gestalten, wie Sie es sich schon immer erträumt haben. Sie müssten auf niemanden und nichts Rücksicht nehmen, sondern wären nur sich selbst verpflichtet.
- Stellen Sie sich vor, es ist eingetroffen, was Sie befürchtet haben (zum Beispiel Arbeitslosigkeit, Kurzarbeit etc.). Welche Wünsche wollen Sie dennoch unter diesen Bedingungen realisieren?

Aus Erfahrung klug

Mit einer Hand ist schwer zu schreiben, muss ich mich bei diesem Thema doch permanent selbst an der eigenen Nase packen. Wie oft wurde ich aus Erfahrung nicht klug, scheinbar hatte ich sehr lange einen Hang dazu, so manche (vor allem negative) Erfahrungen gerne zu wiederholen. Erst mit der NOTIZBUCH-STRATEGIE wurde es besser und das liegt vor allem daran, dass ich hier beschreiben kann, was ich nicht mehr haben will. Das ist sehr wichtig und bedeutsam, wenn Sie genau aufschreiben, was Sie nicht mehr wollen, denn das hilft Ihnen später, die richtigen Entscheidungen zu treffen. Denken Sie daran, Sie sind der Kapitän Ihres Schiffs und Sie beschließen, welche Route Sie nehmen. Wenn Sie Eisbergen nicht trauen, wählen Sie keine Nordroute, und wenn Sie die stürmischen Klippen der Südsee meiden wollen, weil es gefährlich werden kann, meiden Sie auch diese. Was heißt das?

Ich will das an ganz alltäglichen Dingen festmachen. Sie kennen ihn vielleicht, den gut gemeinten Rat: „Du hast keine andere Chance, du musst nehmen, was kommt". Ich bin fest davon überzeugt, dass genau diese Sprüche lähmen und das Selbstbewusstsein schwächen. Fragen Sie doch mal einen Manager, ob er alles nehmen würde. Nein, sicher nicht! Sagen Sie mir einen Grund, warum Sie es anders machen sollten? Oder der Rat, wie Sie eine neue Arbeit suchen sollen: „Mach das, was du gelernt hast – Schuster bleib bei deinen Leisten!" Stellen Sie sich vor, das würde für alles im Leben gelten. Wo haben Sie gelernt, Eltern zu werden? Wenn nur die Eltern werden dürften, die es gelernt hätten, wäre die Welt ganz schön leer! Warum nicht über den Tellerrand schauen – sich was zutrauen und mutig neue Wege gehen? Nichts gegen die Ratgeber, ich denke (hoffe), dass es im Grunde jeder gut meint, aber es hilft nicht immer weiter. Das sind nur einige Beispiele von vielen und deshalb ist es gut und sinnvoll zu be-schreiben. Beschließen Sie jetzt, was Sie nie wieder haben und erleben wollen.

So etwa könnte Ihre Notiz aussehen

Ich werde mich nie wieder unter Wert verkaufen, das heißt in Anerkennung, im Anspruch an eine Aufgabe und im Gehalt.

Ich will nicht mehr auf Grund von Versprechungen und warmen Worten eine Entscheidung treffen. Wenn mein Gegenüber es ernst meint, kann es das auch schriftlich fixieren.

Ich will mich neuen Herausforderungen nicht mehr negativ gegenüberstellen und von vornherein ablehnen: „Was andere können, kann ich auch!"

Ich will nicht mehr warten, ob ich etwas angeboten bekomme, sondern selbst aktiv werden und wenn ich von Tür zu Tür gehe. Ich akzeptiere nicht mehr, dass ich passiv zuschaue.

Be-schreiben Sie, was Sie nicht mehr wollen

Denken Sie daran, in ganzen Sätzen zu schreiben, und entrümpeln Sie mit jedem Satz all das, was Sie in Zukunft loslassen wollen.

Tugenden sind Fähigkeiten

Wozu könnte diese Überschrift besser passen als zu diesem Thema. Sie haben beschrieben, was Sie gerne erreichen möchten und was Sie nicht mehr für sich haben und erleben wollen. Es ist Zeit, dass Sie sich jetzt über Ihre besonderen Fähigkeiten bewusst werden, und zwar über Tugenden, die Sie bereits besitzen. Vielleicht leben Sie sie noch nicht bewusst und ausführlich, aber Sie sind ja dabei, dies zu ändern. Be-sinnen Sie sich auf Ihre Tugenden, die Sie bereits leben, und die, die Sie in Zukunft leben werden.

So etwa könnte Ihre Notiz aussehen

Ich möchte ohne Gräuel zurückschauen können und mir meiner Stärken und Schwächen immer bewusst sein und dazu stehen können, weil ich dankbar bin.

Ich werde den Tatsachen aufrichtig ins Auge sehen und mich ehrlich damit auseinandersetzen, ohne mir etwas vorzumachen.

Bei meinem Hobby zeigt es sich, dass ich besonders geduldig sein kann, und das werde ich für meine jetzige Situation nutzen.

Be-sinnen Sie sich Ihrer Tugenden

Nutzen Sie zum Beispiel Eigenschaften oder Tugenden, die Sie erreichen möchten. Hier eine kleine Auswahl: Anständigkeit, Aufmerksamkeit, Aufrichtigkeit, Ausdauer, Beharrlichkeit, Bescheidenheit, Besonnenheit, Dankbarkeit, Disziplin, Echtheit, Ehrlichkeit, Entschlossenheit, Fairness, Fleiß, Flexibilität, Gelassenheit, Gerechtigkeit, Gewissenhaftigkeit, Hingabe, Höflichkeit, Hoffnung, Kameradschaft, Loyalität, Menschlichkeit, Mitgefühl, Mut, Objektivität, Offenheit, Ordnungsliebe, Pünktlichkeit, Rechtschaffenheit, Reinheit, Reinlichkeit, Sachlichkeit, Sauberkeit, Selbstbeherrschung, Selbstlosigkeit, Sparsamkeit, Solidarität, Taktgefühl, Toleranz, Treue, Wärme, Weisheit, Zuverlässigkeit.

HINWEIS

Dem aufmerksamen Leser unter Ihnen wird gleich auffallen, dass es scheinbar keinen Unterschied zwischen den Tugenden und Werten (beim nächsten Abschnitt) gibt. Das kann ich bestätigen, denn ich vertrete die Auffassung, dass gelebte Werte zu Tugenden werden. Ich unterscheide hier deshalb, weil ich denke, dass Sie schon viele Tugenden besitzen, deshalb ist die Auswahl etwas größer. Hier bedarf es unter Umständen nur etwas mehr Mut, sie auch zu leben. Die Werte, die Sie in der Auswahl finden, treten nach meiner persönlichen Erfahrung manchmal in den Hintergrund, warum auch immer. Falls Sie die Aufteilung für sich anders sehen, ist das Ihr gutes Recht, denn Sie wissen genau, was Sie als Impuls benötigen, egal was andere sagen – mich eingeschlossen.

Werte schaffen Erfolg

Be-sinnen Sie sich jetzt Ihrer Werte. Als ich dies zum ersten Mal machte, fiel mir auf, dass ich zunächst nur die aufzählte, die ich bereits bewusst in meine Lebensentscheidungen einfließen ließ. Damit gab ich mich aber nicht zufrieden und deshalb habe ich mich auch auf die konzentriert, die ich gerne als Lebensinhalt haben will. Werte, die mich berührten, die mir bei meinen Vorbildern so gut gefielen. Die NOTIZBUCH-STRATEGIE legt sehr viel Wert darauf, die eigenen Werte zu definieren und diese als grundsätzliche Grundlage zu bestimmen, um die Strategie auch realistisch und umsetzbar zu gestalten.

So etwa könnte Ihre Notiz aussehen

In der Zeit, wo ich Arbeit suche, werde ich Mäßigung üben, das heißt, ich muss nicht alles mitmachen und kaufen, nur weil es andere auch haben.

Trotz oder wegen meiner Situation werde ich aufmerksam gegenüber anderen sein und schauen, wo ich helfen kann.

Be-sinnen Sie sich Ihrer Werte

Auch hier gilt, schreiben Sie in ganzen Sätzen – ein Beispiel: Alles, was ich in Zukunft unternehme, will ich selbstbestimmt machen, soll meinem Lebensglück dienen und mir positive und realistische Perspektiven geben.

Auch hier eine kleine Auswahl von Werten: Achtsamkeit, Ausdauer, Barmherzigkeit, Demut, Glaube, Großmut, Güte, Kameradschaft, Klugheit, Lebendigkeit, Loyalität, Mäßigung, Menschlichkeit, Mitleid, Nächstenliebe, Opferbereitschaft, Ritterlichkeit, Ruhe, Selbstlosigkeit, Standhaftigkeit, Tapferkeit, Tatkraft, Vernunft, Verschwiegenheit, Vertrauen, Wahrhaftigkeit, Weisheit.

Sie haben jetzt konkret beschrieben, welche Fracht Sie aufnehmen werden und welchen Wert sie haben wird. Dabei haben Sie nur das bestellt, was Sie auch wirklich laden können – ein Schiff ohne Kühlraum wird kaum Frischware laden. Es ist Zeit zu überprüfen, in welchem Zustand sich Ihr Schiff befindet.

2. Schritt – Tatsächliches

Als Erstes halten Sie fest: Misserfolge gehören zum Leben, das ist Fakt. Doch nicht jeder Misserfolg ist in Wirklichkeit einer, es sei denn, ich wende alle Energie auf, es zu einem zu machen. Erfolg, so las ich einmal, ist die Folge einer positiven Ursache! Gut, heißt es dann, dass der Misserfolg die Folge einer negativen Ursache ist? Ist das wirklich so? Bleiben wir bei unserem Beispiel: Sie sind arbeitslos geworden, weil Ihre Firma plötzlich aus wirtschaftlichen Gründen Mitarbeiter entlassen musste. Welche positive Ursache hätten Sie setzen können, um dies zu verhindern? Keine, wie auch? Sind Sie für alles verantwortlich zu machen, was Ihnen widerfährt? Nein, und das sage ich ganz klar, weil ich froh bin, dass es nicht wirklich so ist. Sie konnten nichts für diese Entlassung, aber, und das ist ein ganz dickes ABER, Sie sind wohl verantwortlich dafür, wie Sie mit der Situation umgehen. Was meine ich damit? Für die Entlassung konnten Sie nun wirklich nichts, aber wie Sie jetzt darauf reagieren bzw. wie Sie diese Situation interpretieren, wird entscheidend sein. Wenn Sie mit allem hadern, jeden verantwortlich machen und es nicht als einen Lauf akzeptieren möchten, vielleicht noch sagen: "Wo ist die Gerechtigkeit oder wenn es einen Gott gibt, warum lässt er das zu, ...", wird diese Lebenssituation zum Erfolg oder Misserfolg? Zunächst ist es die natürlichste Sache der Welt, dass Sie schimpfen, an allem zweifeln oder wütend sind! Es muss raus und das ist wichtig und in Ordnung, aber ist es nicht genauso realistisch zu akzeptieren, dass Misserfolge zum Leben gehören? Denken Sie an Ihre persönliche Evolution, hat nicht jeder Misserfolg immer ein Gutes gehabt? Eine asiatische Weisheit zeigt auch in schwierigen Situationen Trost: Der Mensch kann nicht tausend Tage ununterbrochen gute Zeiten haben, so wie die Blume nicht hundert Tage blühen kann (Tseng-Kuang).

Betrachten Sie jetzt Ihre Situation und wenden Sie einen kleinen Trick an, den ich Ihnen empfehle. Wenn Sie jetzt notieren, wie Sie die Situation tatsächlich erleben, machen Sie es sich zur Aufgabe mindestens $^1/_3$ positive Fakten aufzuzählen.

So etwa könnte Ihre Notiz aussehen

Weniger gut

– Ich habe mich schon lange nicht mehr wohlgefühlt, doch ich habe nichts dagegen unternommen.

– Meine größte Sorge gilt meinem Ruf und was andere über mich denken, das lähmt mich derart, dass ich an vielen Veranstaltungen zum Beispiel im Verein nicht mehr teilnehme.

– Ich frage mich auch, ob ich versagt habe – was mich meistens ziemlich traurig macht.

– Meine ehemaligen Kollegen haben keine Zeit mehr für mich, ich gehöre einfach nicht mehr dazu.

– Ich habe vor einigen Monaten ein Angebot nicht weiter verfolgt, weil ich mir den Job nicht zutraute – obwohl er mir gut gefiel.

Positiv

+ Wenn es darum ging, für die Firma etwas zu präsentieren, wurde immer mein Name zuerst genannt. Für meine Vorträge erhielt ich sehr viel Lob.

So etwa könnte Ihre Notiz aussehen (Fortsetzung)

+ Ich bin stolz darauf, dass ich meinen Arbeitsplatz sauber und erledigt hinterlassen habe – trotz meiner Enttäuschung habe ich bis zum Schluss gewissenhaft gearbeitet.

Frageimpulse

- Welche Ereignisse gab es in meinem Job, für die ich besonders gelobt wurde?
- Was habe ich in meinem Beruf überhaupt nicht geliebt?
- Welche Talente konnte ich in meinem alten Job gut verwenden?
- Wie gehe ich mit meiner derzeitigen Situation um – im Denken, Fühlen und Handeln?
- Welche Werte habe ich bewusst meinem Handeln zugrunde gelegt?

Vielleicht haben Sie jetzt das Gefühl, dass das, was Sie geschrieben haben, ziemlich deprimierend ist. Denken Sie an das Tagebuch – vieles, was darin steht, ist nicht immer lustig – es gehört dazu. Haben Sie Geduld, es löst sich auf, doch es ist wichtig, ganz ehrlich zu sich zu sein. Lassen Sie uns deswegen gleich zum nächsten Schritt kommen.

3. Schritt – Erforderliches

Dieser Teil hat mit drei Faktoren zu tun: bewahren – loslassen – erneuern. Hier ist nicht „ALLES“ gemeint, sondern zu unterscheiden, was Sie loslassen und was Sie bewahren wollen und was Sie erneuern möchten. Schreiben Sie, was Sie für Maßnahmen ergreifen möchten. Das Wie ist noch nicht gefragt und deshalb lassen Sie es unbeachtet, denn das be-gründen (von gründen) Sie im nächsten Schritt. Es geht also nur darum, dass Sie jetzt mit dem Grundsätzlichen und Tatsächlichen arbeiten, vergleichen und die Essenz aus beiden ziehen. So wird aus dem Wünschen und Hoffen eine Tat der Umsetzung, nämlich Ihre umsetzbare Strategie.

Zwei Mönche

Zwei Mönche waren auf der Wanderschaft. Eines Tages kamen sie an einen Fluss. Dort stand eine junge Frau mit wunderschönen Kleidern. Offenbar wollte sie über den Fluss, doch da das Wasser sehr tief war, konnte sie den Fluss nicht durchqueren, ohne ihre Kleider zu beschädigen. Ohne zu zögern, ging einer der Mönche auf die Frau zu, hob sie auf seine Schultern und watete mit ihr durch das Wasser. Auf der anderen Flussseite setzte er sie trocken ab. Nachdem der andere Mönch auch durch den Fluss gewatet war, setzten die beiden ihre Wanderung fort. Nach etwa einer Stunde fing der eine Mönch an, den anderen zu kritisieren: „Du weißt schon, dass das, was du getan hast, nicht richtig war, nicht wahr? Du weißt, wir dürfen keinen nahen Kontakt mit Frauen haben. Wie konntest du nur gegen diese Regel verstoßen?" Der Mönch, der die Frau durch den Fluss getragen hatte, hörte sich die Vorwürfe des anderen ruhig an. Dann antwortete er: „Ich habe die Frau vor einer Stunde am Fluss abgesetzt – warum trägst du sie immer noch mit dir herum?" (frei nacherzählt, The Wisdom of Zen Masters)

Wie diese Geschichte sehr schön zeigt, war der Mönch in der Lage zu unterscheiden, was er bewahren will – nämlich seine Hilfsbereitschaft, und was er loslassen kann – den Gedanken an das, was mal war, und war auch in der Lage, die Sichtweise seines Bruders zu erneuern. Der erste Schritt, den Sie jetzt gehen, ist, zu unterscheiden, was Sie bewahren und wo und was Sie loslassen wollen und was Sie erneuern möchten. Dieses Unterscheiden sollten Sie jetzt auch selbst versuchen. Das beste Mittel zum Unterscheiden ist der direkte Vergleich zwischen Grundsätzlichem und Tatsächlichem. Deshalb sind auch die Doppelseiten so hilfreich, weil sie Übersicht schaffen. Blättern Sie die Seite „Grundsätzliches/Tatsächliches" auf und vergleichen Ihre Einträge. Welche Widersprüchlichkeit oder Diskrepanz entdecken Sie zwischen dem Grundsätzlichen und dem Tatsächlichen? Denken Sie aber daran, dass alle Maßnahmen, die Sie jetzt beschließen, Ihnen auch wirklich weiterhelfen sollen bzw. dass sie zur Lösung Ihres Vorhabens auch geeignet sind. Nicht zu vergessen ist auch, dass Sie diese auch ausführen möchten und können.

Be-stimmen Sie Ihre Maßnahmen

Nachdem Sie die beiden Seiten verglichen haben, fallen Ihnen bestimmt Maßnahmen ein, die Sie gerne loslassen, bewahren oder erneuern möchten. Sie sind sich sicher, dass dies Ihnen auf Ihrem Weg weiterhilft. Gut, dann formulieren Sie jetzt ganz konkret Ihre Maßnahmen, Aufgaben oder Lösungen.

So etwa könnte Ihre Notiz aussehen

Ich erstelle mir ein klares Jobprofil, in dem alles steht, was ich mir von meinem neuen Beruf erwarte.

Ich werde einen kleinen Aufsatz mit dem Thema "Mein Traumberuf" verfassen, um mir über meine Wünsche und Fähigkeiten klar zu werden.

Systematisch werde ich alle Berufsangebotsmöglichkeiten benutzen – zum Beispiel Zeitung, Arbeitsvermittlung, Internet, Hausmessen, Messen, Netzwerke etc.

Ich werde mir ein Buch zum Thema Präsentation kaufen und einen Seminaranbieter suchen, den ich mir leisten kann, um meine Präsentationsfähigkeiten weiterzuentwickeln.

Ich rufe die Firma an, deren Angebot ich nicht weiter verfolgt habe und frage, ob es noch eine Möglichkeit gibt.

Meinem Umfeld werde ich ganz offen meine Situation erklären und keinem böse sein, wenn er damit nicht umgehen kann. Meine Freunde werden damit umgehen können.

Impulsfragen

- Welche Abweichung, Widersprüchlichkeit und Diskrepanz gibt es zwischen Grundsätzlichem und Tatsächlichem?
- Welche Maßnahmen sind erforderlich?

Die Reflexionsfragen

a. Bin ich wirklich für diese Maßnahme bereit, habe ich den Mut dazu?
b. Hilft mir meine Maßnahme wirklich weiter?
c. Ist das mit meinem GRUNDSÄTZLICHEN vereinbar?

Besonders für Punkt c. möchte ich einen weiteren Impuls geben. Jede Maßnahme sollte mit Ihren Werten zu vereinbaren sein, so werden Sie diese auch mit viel Selbstbewusstsein und Souveränität in die Praxis umsetzen. Das hat sich bewährt und so habe ich mein Lebensmotto gefunden: *„Verbinde, was andere trennen."*

4. Schritt – Mögliches

Der letzte Schritt soll Ihnen ermöglichen, die von Ihnen formulierten und erarbeiteten Vorstellungen, Wünsche und Ziele in die Praxis umzusetzen. Das heißt, alles, was Sie in dem Schritt Erforderliches als Maßnahmen bestimmt haben, benötigt jetzt eine klare Struktur. Jetzt heißt es, wie setze ich es um? Hier zeigt sich, ob Ihre Maßnahmen eine Illusion oder realisierbar sind, das heißt, es ist eine letzte sorgfältige Prüfung. In dem Schritt Möglichkeiten werden also Ihre Vorstellungen gefestigt. Das geht allerdings nur, wenn Sie selbst von der Realisierbarkeit und Ihrer Notwendigkeit überzeugt sind. Ist das nicht der Fall, empfehle ich hier eine Nachprüfung. Sie prüfen jetzt alle Möglichkeiten, die Sie haben, und formulieren Ihre konkreten Aufgaben. Deshalb prüfen und begründen Sie die beiden Möglichkeitsebenen:

- M1 = Welche Möglichkeiten habe ich – Hilfe + Unterstützung.
- M2 = Welche Möglichkeiten bieten sich mir, konkret meine Ziele umzusetzen.

Be-gegnen = M1

Wer oder was kann Ihnen eine Hilfe und Unterstützung sein? Jetzt können Sie alle Namen von Personen aufschreiben, die Ihnen einfallen und vor allem, von denen Sie gerne Hilfe annehmen würden. Was aber, wenn Ihnen niemand spontan einfällt? Oft liegt das auch daran, dass Personen ausgeschlossen werden, weil Sie denken, dass diese Ihnen nicht helfen wollen.
Aber woher wissen Sie das? Fertigen Sie eine Liste mit den verschiedensten Möglichkeiten an und gehen Sie diese systematisch durch, zum Beispiel:

Wen kenne ich ...
... von der Arbeit
... vom Sport/Verein
... aus dem Urlaub
... in der Familie
... aus dem Freundeskreis
... durch meinen/e Mann/Frau
... durch meine Eltern/Schwiegereltern
... etc.

Diese Liste ist beliebig erweiterbar!

Haben Sie die Liste fertig und Ihre Wahl getroffen, schreiben Sie den Namen der Person auf und was genau Sie konkret von der Zusammenarbeit erwarten.

So etwa könnte Ihre Notiz aussehen

Mein Cousin arbeitet in einer großen Firma, von der ich weiß, dass sie Arbeitsbereiche hat, die mir gut gefallen würden.

Ich werde mit meinem/er Lebenspartner/in sprechen, wie wir mit einem Jobangebot umgehen, was eventuell einen Umzug nötig macht.

Impulsfragen

- Wer kann mir helfen?
- Wer oder was kann mich unterstützen?
- Welche Informations- und Wissensquellen helfen mir weiter?

Die Reflexionsfrage

- Ist das für mich vorstellbar (realistisch)?

Be-gründen = M2

Hier beginnt Ihr persönlicher Spurwechsel real zu werden, Ihre Gedanken und Gefühle sollen ab jetzt in Ihrem Handeln erkennbar werden. Sie begründen jetzt Ihr Vorhaben, das heißt, Sie legen den Grundstein für Ihren Spurwechsel durch die klare Formulierung Ihres Ziels. Was wollen Sie wann, wo und wie erreichen, also die berühmten fünf Ws – Was? Wann? Wo? Wie? Wer?

Legen Sie fest, was Ihre ersten Schritte sind und in welcher Lebenssituation Sie diese gehen möchten.

So etwa könnte Ihre Notiz aussehen

Das Jobprofil werde ich bis Samstag anfertigen, damit ich gleich mit der Arbeitssuche beginnen kann.

Ich erstelle eine Bewerbungsmappe und mache neue Fotos.

Weiterhin erstelle ich mir einen Telefonleitfaden, damit ich mich auch telefonisch bewerben kann. Darin sind alle Daten und Fakten sowie auch meine Vorstellungen, Wünsche und Stärken notiert – in ganzen Sätzen.

Als Nächstes übe ich mit der Liste so lange, bis ich damit frei sprechen kann.

Ich gehe zur VHS, IHK etc. und informiere mich über Weiterbildungsprogramme.

Ich erstelle eine Liste für die Anrufe.

Impulsfragen

- In welchen Lebenssituationen (Privat, Beruf, Freizeit, Freunde, Familie etc.) möchte ich zuerst beginnen?
- Welche Möglichkeiten schaffe ich mir, um mich jeden Morgen daran zu erinnern?

Die Reflexionsfrage

- Ist Ihr Plan konkret formuliert?

Denken Sie daran, was Strategie heißt: Eine Strategie ist ein längerfristig ausgerichtetes, planvolles Anstreben einer vorteilhaften Lage oder eines Ziels.

Geschafft!
Jetzt haben Sie ein erstes Thema erarbeitet und ich hoffe, Sie haben Ihren Stil gefunden und es macht Ihnen Spaß weiterzumachen. Ich werde im nächsten Kapitel Tipps und Antworten auf häufig gestellte Fragen geben. In Kapitel 6 werden Sie noch zwei weitere Themen als Impuls finden und wenn Sie möchten, können wir diese gemeinsam erarbeiten.

5. Kapitel
Tipps und Antworten auf häufig gestellte Fragen

Notizbuch versus Handheld, Outlook

Sind der Handheld oder das Outlook und die NOTIZBUCH-STRATEGIE ein Widerspruch? Nein, sie lassen sich sogar wunderbar ergänzen. Diese Denkweise hatte ich nicht immer. Gerade am Anfang war ich gegen alle elektronischen Hilfsmittel und das lag sicher daran, dass ich sie selbst nicht nutzte. Denn in meinem kleinen Notizbuch hatte ich eine Liste und einen Kalender, wo alle Erledigungen, Termine und Adressen vermerkt waren, womit ich mich zufriedengab. Da hatte ich aber die Rechnung ohne meine Teilnehmer gemacht, denn schnell wurde klar, dass viele mit dieser Auffassung ein Problem hatten. Gut, dachte ich, wenn mich so viele danach fragen, muss ja was dran sein, und ich erinnerte mich an mein Lebensmotto: **Verbinde, was andere trennen wollen!** Also ab in das Fachgeschäft und einen Palm gekauft. Nach zwei Monaten lag der wieder in der Ecke – ich kam einfach nicht zurecht. Ich hatte das Gefühl, dass ich mich im totalen Informationschaos befinde und gar nicht mehr wusste, wo ich was und wie festhalten sollte. Außerdem hatte ich immer Angst, ich könnte was vergessen. Doch die Fragen meiner Teilnehmer blieben und wurden immer mehr. Was lag also näher, als sich hinzusetzen und die NOTIZBUCH-STRATEGIE zu bemühen – ja, solche Themen gehen auch! Heute besitze ich ein Smartphone (grausames Wort für einen Rhetor) und stelle fest, es geht nicht nur, sondern es kann eine tolle und sinnvolle Ergänzung sein. In meinem Smartphone sind alle Adressen, Geburtstage und Termine sowie alle Erledigungen, die ich abarbeiten muss, eingetragen. Den Vorteil erkannte ich erst einige Zeit später, denn ich entdeckte zwei Funktionen in meinem Handheld, von denen ich heute total begeistert bin. Erstens, das Ding erinnert mich an Termine und Aufgaben, damit vergesse ich nichts mehr und wenn ich es nicht erledigen will, schiebe ich es einfach auf einen anderen Tag – es lebe die selbstbestimmte Freiheit. Der zweite Vorteil ist, ich kann es weit genug weglegen. Früher musste ich mein Notizbuch im Auge halten und schauen, ob ich nichts vergessen habe und das kann wie eine Störung sein. Wie gesagt, heute habe ich das unterteilt und jedes Werkzeug hat seine Aufgabe. Ja, manchmal braucht es ein wenig Mut, seinen Irrtum einzugestehen, aber umso mehr freue ich mich, wenn ich das Smartphone einfach weglegen kann. Natürlich nutze ich auch meinen PC und mittlerweile nicht nur für meine E-Mails und Website. Nein, ich blogge, publiziere und schreibe Newsletter. Mein Notizbuch ist ganz alleine für meine Gedanken, Einfälle und Ideen da, frei von Informationen, die mich in meinen Abläufen ablenken. Kennen Sie die Werbung von Jever: Keine Termine, keine Anrufe ... und dann lässt sich ein Mann in die Düne fallen? So fühle ich mich mit meinem Notizbuch. Anders gesagt, wenn ich mit meinem Füller und meinem Notizbuch alleine bin, alles andere vom Schreibtisch ist, empfinde ich diese Minuten als eine grenzenlose Freiheit, Entspannung und sie geben mir das Gefühl, selbstbestimmt zu sein.

Mindmap versus NOTIZBUCH-STRATEGIE

Richtig, ich sagte: Setzen Sie sich hin, haben Sie Ruhe, schreiben Sie in ganzen Sätzen und vermeiden Sie Stichworte. Das ist nach wie vor richtig und hat sich nach meiner Erfahrung auch gut bewährt. Und wieder waren es die Seminarteilnehmer, die mich mit einer Frage konfrontierten, nämlich: Kann ich Mindmap benutzen? Ich musste überhaupt nicht lange überlegen: Ja, warum nicht! Viele nutzen Mindmap als Vorbereitung und haben es dadurch leichter beim Formulieren von ganzen Sätzen, denn mal Hand aufs Herz: Über sich in ganzen Sätzen zu schreiben, ist sicher ungewohnt – mir ging es am Anfang genauso! Es gilt wie immer, machen Sie das, was Ihnen hilft, sich Ihre NOTIZBUCH-STRATEGIE zu entwerfen, und wenn es damit geht, nur zu.

Notizbuchstau, was nun?

Auch das kann passieren. Fleißige Schreiber haben irgendwann das Gefühl, dass sich mehr Themen anhäufen, als sie imstande sind zu erarbeiten. Das ist meist nur am Anfang so. Je mehr Sie erarbeiten und damit umgehen, umso eher stellen Sie fest, dass manche Notizen zusammengehören und eine Entwicklung anderer, vorheriger Gedanken sind. Hier greifen zwei Hilfsmittel, das Nummerieren und Verknüpfen (siehe: Auf den Punkt gebracht Seite 67) und das Eliminieren (siehe Abschnitt Eliminieren, Seite 69). Diese zwei Möglichkeiten helfen Ihnen, das Problem in den Griff zu bekommen.

Kann jeder die Philosophie nutzen?

„Jeder Mensch ist ein Philosoph." Diesen Satz hat ein ausgewiesener und sehr berühmter Philosoph gesagt – Sir Karl Raimund Popper (* 28. Juli 1902 in Wien; † 17. September 1994 in London). Gehen wir an diese Aussage ganz philosophisch heran und bemühen einen Klassiker der Logik. Zunächst unterscheidet die Philosophie zwischen einer wahren Aussage und einer These, die erst noch geprüft werden muss.

Dass alle Menschen sterben, ist wahr!
- Aus „Alle Menschen sind sterblich"
- und „Sokrates ist ein Mensch"
- folgt „Sokrates ist sterblich".

Dass jeder Mensch ein Philosoph sein kann, ist zunächst eine These. Ich unterstelle aber, dass diese These wahr ist, weil alleine das Nachdenken über sich und die Welt schon ein Stück Philosophie ist oder anders, Philosophie ist auch das Bemühen um das Erkennen von Wirklichkeit. So kann ich den Satz von Karl Raimund Popper als wahr bezeichnen und folgern:

- **Aus „Jeder Mensch ist ein Philosoph"**
- **und „Sie sind ein Mensch"**
- **folgt „Auch Sie sind ein Philosoph".**

Das ist doch eine gute Nachricht, denn das heißt auch, dass Sie ab sofort ganz eigenverantwortlich und selbstbestimmt Ihre Lösungen und Ideen selbst entwerfen können. Denn ein Philosoph darf und muss philosophieren. Probieren Sie es aus, wie es Ihnen gefällt. Ich möchte Sie noch mit einem Zitat aus dem Buch „Das Kartengeheimnis" von Jostein Gaarder konfrontieren:

Ich fand es seltsam, dass wir Menschen, die in vieler Hinsicht so clever sind – und zum Beispiel den Weltraum und den Aufbau der Atome erforschen –, nicht mehr von uns selber wissen. Und mein Vater sagte etwas, das ich so klug fand, dass ich glaube, es hier wortwörtlich zitieren zu können: ‚Wenn unser Gehirn so einfach wäre, dass wir es verstehen könnten' sagte er und machte eine kleine Pause, ‚dann wären wir so dumm, dass wir es trotzdem nicht verstehen könnten.'"

Philosophieren muss nicht abgehoben und kompliziert sein, es steht nirgendwo geschrieben, dass es nur Philosophen dürfen. Mit der NOTIZBUCH-STRATEGIE betreiben Sie echte Praxis- oder Alltagsphilosophie und es macht doch Spaß, über sich nachzudenken und neue Erkenntnisse zu erlangen, oder? Die NOTIZBUCH-STRATEGIE ist angewandte Philosophie: Praktisch, einfach und alltagsorientiert, wie es die Philosophie zu Zeiten von Sokrates, Aristoteles und Epikur seinerzeit war. Sie ist auch deshalb Philosophie, weil sie systematisch und logisch vorgehen kann. Sie sind ab sofort nicht nur Autor, sondern auch Philosoph. Am Anfang noch in eigener Sache, aber wer weiß, was Ihre Gedanken noch alles hervorrufen.

Spiel, Satz, Sieg – mit der NOTIZBUCH-STRATEGIE im Vorteil

Ob Sie nun (nach alphabetischer Reihenfolge) Angestellter, Arbeiter, Ausbilder, Beamter, Führungskraft, Hausfrau, Künstler, Lehrling, Manager, Mutter, Unternehmer oder Vater sind, die NOTIZBUCH-STRATEGIE wird Ihnen eine reale Hilfe sein, sich Ihr Leben zu gestalten, wie Sie es sich wünschen und vorstellen und in dem Sie sich wohlfühlen. Sie ist so wirkungsvoll wie simpel, ein machtvolles Instrument und Sie benötigen nichts weiter als ein kleines und ein großes Notizbuch, einen schönen Stift und die Lust am Entdecken. Mit der NOTIZBUCH-

STRATEGIE erhalten Sie Klarheit über Ihr Denken, Fühlen und Handeln. Sie erreichen das durch die Einfachheit in der Anwendung und die systematische Überprüfung Ihrer Notizen, die aufgrund ihrer Struktur eine leichte Nachvollziehbarkeit der einzelnen Entwicklungsstufen gestattet. **Denken Sie an das Bonbon:** Am Ende steht nicht nur eine umsetzungsfähige Strategie, sondern Sie haben sich – fast unbemerkt – eine Argumentation für Ihr Ergebnis erarbeitet. Das wird Ihnen Sicherheit, Selbstbewusstsein und Souveränität geben, wenn Sie Ihre Strategie nach außen vertreten müssen. Ein weiterer Vorteil der NOTIZBUCH-STRATEGIE ist, dass Sie Ihre eigenen Gedanken und Ideen bearbeiten und zwar selbstbestimmt, individuell und auf Ihre persönliche Situation zugeschnitten. Sie arbeiten nicht mehr mit Standardrezepten, sondern mit der Kraft Ihres Denkens, Fühlens und Handelns. Unverfälscht und authentisch werden Sie sich nicht mehr „verbiegen" müssen. Und beiläufig bemerkt: Die NOTIZBUCH-STRATEGIE ist auch leicht erlernbar.

Fassen wir zusammen:

Was kann die NOTIZBUCH-STRATEGIE?
Sie kann überall angewendet werden, ist individuell, lässt eigene Gedanken und Positionen zu

- **Im Beruf:** Ob Unternehmens- oder Mitarbeiterführung, im Konfliktfall, bei Innovationsfindung, Persönlichkeitsentwicklung, Krisenbewältigung,

Erfolgsorientierung oder zur Findung des eigenen Führungsstils.

- **Privat:** Für fast alle Lebensbereiche ist die NOTIZBUCH-STRATEGIE nutzbar wie zum Beispiel Familie/Kinder, Wohlstand/Glück, Anerkennung/Status, Gesundheit/Lebensfreude, Freunde/Umfeld, Karriere/Beruf und Wissen/Fähigkeiten etc.

6. Kapitel
Schreiben Sie Ihr Leben fort

In diesem letzten Kapitel werden wir noch weitere Beispiele gemeinsam erarbeiten. Sicher werden Sie bemerken, dass ich Schritt für Schritt schweigsamer werde, denn Sie wissen sicher schon, wie Sie es angehen. Im allerletzten Teil finden Sie dann eine Auswahl an Themen, die mit der NOTIZBUCH-STRATEGIE erarbeitet werden können, sozusagen meine Vorschläge + X.

Hinweis

Nun sind Sie an der Reihe. Setzen Sie Ihre Symbole selbst – zum Beispiel am Seitenrand.

Impuls: Mein persönlicher Weg zu mehr Gelassenheit

Viele Menschen streben nach Weisheit, was zunächst zu begrüßen ist, doch oft wird vergessen, die Voraussetzungen dafür zu schaffen, die da wären: Wissen, Erfahrung und Erkenntnis. Das alles führt zur Gelassenheit. Das Ziel, gelassener zu leben, ist also auch ein Schritt zur Weisheit. Den Weg dorthin gehen wir jetzt gemeinsam, Sie beschreiben, was Sie sich wünschen, nach was Sie im Grunde streben. Ihre Erfahrungen bekommen einen konkreten Rahmen und hier werden Sie überrascht sein, was sich in Ihrer persönlichen Evolution so alles angehäuft hat. Daraus erwächst Ihre Erkenntnis darüber, was Sie wollen und was Sie nicht wollen. Dieses Erkennen wird Ihnen helfen zu ermitteln, was Sie tun können um Ihr Ziel zu erreichen, und daraus ergibt sich ein Wissen. Und genau das Wissen um die persönliche Art und Weise Ihrer Gelassenheit wird Sie in die Lage versetzen, gelassener leben zu können. Sie werden überrascht sein, wie schnell Sie die ersten Lösungen für sich erarbeiten. Naja, ein wenig Mühe kostet es schon, zum Beispiel Mut und Überwindung, in Zukunft anders zu agieren als heute. Sie werden Menschen begegnen, die sich fragen, was mit Ihnen los ist! Es ist Ihr Leben und Ihr Recht, Ihre Lebensqualität durch mehr Gelassenheit zu steigern. Das Schwierige an der Arbeit wird sein, dass Ihr Kontrollmechanismus sofort Alarm schlägt. Natürlich wird versucht uns das auszutreiben, ob in einschlägigen Büchern, Magazinen, Tageszeitungen oder durch unsere Gesellschaft an sich. Macher werden gesucht, rational entscheidende Siegertypen, die scheinbar alles in der Hand haben. Wer träumt und seine Hoffnungen äußert, wird schnell mal zum Träumer degradiert, zu jemand, dem scheinbar nichts gebacken bekommt, der sich nicht im Griff hat, der in einer anderen Welt lebt usw. Henry Ford wollte, dass jeder Amerikaner ein Auto hat, obwohl dies erst gerade erfunden und mühsam produziert wurde! Ein unrealistischer Träumer, dieser Henry, oder? Mahatma Gandhi wollte die Unabhängigkeit Indiens: Erinnern wir uns – er hatte keine Armee, keine Waffen und keine Machtstellung – und doch hoffte er auf die Macht des „bürgerlichen Ungehorsams“, wie er es nannte. War er nicht ein unrealistischer, verrückter kleiner Mann – oder etwa doch nicht? Träume und Hoffnungen sind wichtig, genauso wichtig wie das Arbeiten und Tun.

Die wichtige Hoffnung, Teil I

Vor nicht allzu langer Zeit gab es einen Mann, der war ein Träumer. Er dachte sich zum Beispiel: „Es muss doch möglich sein, zehntausend Kilometer weit zu sehen.“ Oder er dachte sich: „Es muss doch möglich sein, Suppe mit der Gabel zu essen." Er dachte: „Es muss doch möglich sein, auf dem eigenen Kopf zu stehen." Und er dachte sich: „Es muss doch möglich sein, ohne Angst zu leben." Die Leute sagten zu ihm: „Das alles geht doch nicht, du bist ein Träumer!" Und sie sagten: „Du musst die Augen aufmachen und die Wirklichkeit akzeptieren!" Und sie sagten: „Es gibt eben Naturgesetze, die lassen sich nicht ändern!" Aber der Mann antwortete: „Ich weiß nicht... Es muss doch möglich sein, unter Wasser zu atmen. Und es muss doch möglich sein, allen zu essen zu geben. Es muss doch möglich sein, dass alle das lernen, was sie wissen wollen. Es muss doch möglich sein, in seinen eigenen Magen zu gucken." Und die Leute sagten: „Reiß dich zusammen, Mensch, das wird es nie geben. Du kannst nicht einfach sagen: Ich will und deswegen muss es geschehen. Die Welt ist, wie sie ist, und damit basta!" Als das Fernsehen erfunden wurde und die Röntgenstrahlen, da konnte der Mann zehntausend Kilometer weit sehen und auch in seinen eigenen Magen. Aber niemand sagte zu ihm: „Na gut, du hast ja doch nicht ganz Unrecht gehabt." Auch nicht, als das Gerätetauchen erfunden wurde, so dass man problemlos unter Wasser atmen konnte. Aber der Mann dachte sich: „Na also. Vielleicht wird es sogar einmal möglich sein, ohne Kriege auszukommen."

1. Schritt – Grundsätzliches

Das Selbstkonzept umfasst die Wahrnehmung und das Wissen um die eigene Person. Im einfachsten Falle wissen wir, wer wir sind: Name, Alter, Geschlecht, Lebensort. Doch ist das alles? Lässt sich der Mensch auf ein paar wenige Fakten reduzieren? Nein, natürlich nicht!

Zum Selbstkonzept gehört auch das Wissen über persönliche Eigenschaften, Vorlieben, Gefühle und Verhalten und das Begreifen von einzigartigen Fähigkeiten und Fertigkeiten. Ein bewusstes Umgehen mit seinen eigenen Lebensregeln (zum Beispiel Werten) und seine Wünsche, Träume und Visionen genau zu kennen. Deshalb nehmen Sie sich jetzt ein wenig Zeit und beschreiben Sie Ihre Wünsche, Träume und Visionen zur Gelassenheit. Ich möchte Ihnen ein Beispiel zeigen, das ein Teilnehmer Ihnen zur Verfügung stellte und wofür ich mich bedanke.

So etwa könnte Ihre Notiz aussehen

Ich möchte den Menschen ein sehr geduldiger und freundlicher Zuhörer sein. Gerade in meinem persönlichen Arbeitsumfeld will ich ausgeglichener auf besonders heikle Situationen reagieren können.

Ich stelle mir vor, dass meine Mitarbeiter und Kollegen gerne zu mir kommen, wenn irgendwo der Schuh drückt, und sie mich als einen geduldigen und aufmerksamen Zuhörer erleben.

Ich will diese Geduld mit meiner Erfahrung und meinem Wissen verbinden und stelle mir vor, welche Kompetenz ich damit ausstrahle.

Ich will die Zeit sorgfältiger und bewusster erleben und stelle mir vor, wie ich das Wesentliche vom Unwesentlichen unterscheiden kann.

Meine Kunden werden sich bei mir besonders gut aufgehoben fühlen, weil Sie durch meine Gelassenheit feststellen, dass sie der Mittelpunkt sind und ich für sie da bin mit all meinem Wissen, meiner Erfahrung und Kompetenz.

So ähnlich kann Ihr erster Schritt aussehen, einfach schreiben.

Be-schreiben Sie Ihre Wünsche

Denken Sie daran, in ganzen Sätzen zu schreiben und auch daran, dass Sie das schreiben, was Sie sich vorstellen, es muss mit der Wirklichkeit noch nichts zu tun haben. Kennen Sie das Lied: Die Gedanken sind frei..? Träumen Sie jetzt, schreiben Sie sich Ihre Träume von der Seele ohne Zensur, alles ist erlaubt.

Den Geist entrümpeln

Wenn Sie jetzt wissen, was Sie wollen, dann kommt der zweite Schritt, nämlich zu be-schreiben, was Sie nicht mehr wollen.

Es war einmal ein westlicher Professor der Philosophie. Er reiste zu einem Zen-Meister, um ihn nach Gott, der Unendlichkeit, der Meditation und vielem anderen zu befragen. Der Meister hörte sich schweigend all die Fragen des Mannes an. Nach einer Weile sagte er: „Du hast eine weite Reise hinter dir und du siehst müde aus. Ich werde dir eine Tasse Tee machen."
Während der Meister den Tee zubereitete, brannte der Professor vor Ungeduld. Er war schließlich nicht zum Teetrinken gekommen, sondern um Antworten auf alle seine Fragen zu bekommen! Wahrscheinlich war dieser Zen-Meister gar kein weiser Mann und wollte nun nur Zeit gewinnen. Sollte seine Reise gar umsonst gewesen sein? Und als er schon fast am Aufstehen war, kam der Meister mit dem Tablett, auf dem der frisch gebrühte Tee stand. So entschied der Professor, den Tee zu trinken und erst dann zu gehen. Der Meister nahm die Kanne und begann,

dem Professor Tee in seine Tasse einzuschenken. Schnell war die Tasse voll und der Tee lief über den Rand und über die Untertasse. „Halt, Sie Narr! Was tun Sie denn da? Sehen Sie denn nicht, dass die Tasse voll ist? Und dass auch die Untertasse bereits übergelaufen ist?" Da lächelte der Meister und sprach: „Und genau so ist es mit dir. Dein Verstand ist wie diese Tasse: überfüllt mit Fragen. Selbst wenn ich dir Antworten geben würde, hätten sie gar keinen Platz mehr in deinem Kopf, denn es passt dort genauso wenig hinein wie in diese Tasse. Geh also und leere deine Tasse. Und komm wieder, wenn Platz in dir ist."

Das kann ich aus eigener Erfahrung bestätigen. Der Wunsch, sich zu verändern, ist vorhanden, doch oft ist das Loslassen gewohnter Verhaltensweisen so schwer. Doch wie die Geschichte von eben zeigt, es kann nur Neues rein, wenn manch Altes (Hinderliches, Beschwerliches, Unangenehmes etc.) losgelassen wurde. Da passt auch der Spruch: Das kann ich dir schriftlich geben! Jetzt haben Sie die Möglichkeit und Sie können sich, das im wahrsten Sinne des Wortes, schriftlich geben. Stellen Sie sich vor, es wäre Sperrmüll bei Ihnen im Ort. Stellen Sie sich weiter vor, wie Sie durchs Haus gehen und schauen, was nicht mehr zu gebrauchen ist. Nehmen Sie, was Ihnen Platz wegnimmt, ungute Erinnerungen weckt oder defekt ist und werfen Sie es raus. Sperrmüll ist ein guter Begriff dafür. Er sagt aus, dass nicht mehr zu gebrauchende Gegenstände nutzlos in den Räumen stehen und den Platz „versperren". Oder stellen Sie sich vor, Sie wollen eine Bergwanderung machen, würden Sie nicht auch genau darauf achten, was Sie in Ihrem Rucksack mitnehmen und was nicht? Sie werden alles rausnehmen, was unnötiger Ballast ist, was auch vernünftig ist. Das können Sie auch auf die geistige Haltung übertragen und es ist ebenso sinnvoll. Wenn es Dinge gibt, die Sie an sich selbst stören, die Sie behindern, die Sie blockieren, dann entledigen Sie sich dieser. Sie werden schnell merken, dass Sie gelöster, freier und sicherer werden. Klingt doch logisch, oder? Als ich beschloss, das zu tun, entrümpelte ich als erstes „Hektik und unüberlegtes Reden." Andere waren am Anfang sichtlich irritiert, als ich mich zum Beispiel nicht mehr an dem neuesten Dorfgetratsche beteiligte. Im Gegenteil, die Dinge, die mir angetragen wurden, versuchte ich objektiv zu beurteilen oder ich legte klar, dass jeder für sich wissen sollte, was er für gut und weniger gut hält. Mit jeder Begegnung merkte ich, dass ich Gelassenheit bewusst umsetzen kann. Gelassenheit, eine Einstellungssache? Ja, da ich genau wusste, was ich wollte und was nicht, brauchte ich mich nur an meiner NOTIZBUCH-STRATEGIE zu orientieren. Ich stellte sehr schnell fest, dass es mir persönlich viel besser ging und sich mein Selbstwertgefühl steigerte oder kurz, sich Gelassenheit einstellte. Alle, die sonst mit den neuesten Dorfnachrichten kamen, gewöhnten sich auch daran und in meinem Haus gab es kein Tratschen über andere mehr! EINFACH ENTRÜMPELT?? Nein, um ehrlich zu sein, ich war mehrmals beim Sperrmüll und gehe immer noch, aber ich entrümpele regelmäßig und das Schöne ist, das Paket wird immer kleiner. Würden Sie auch gerne mal Sperrmüll machen, alles über Bord werfen, was Sie nicht mehr mögen, auch an sich nicht? Sind Sie bereit, auch mehrere Sperrmüllaktionen zu machen, wenn es beim ersten Mal nicht gleich klappt? Raus mit den Dingen, die sperren, die verhindern, die Sicht beeinträchtigen. Natürlich muss jetzt die Frage kommen: „In Ordnung, aber wie geht das?"

Im Prinzip brauchen Sie nur zwei Schritte zu gehen:

1. Genau wissen, was Sie nicht mehr möchten.
2. Genau wissen, warum Sie das nicht mehr wollen.

Also, dann kann es ja losgehen!
Als Erstes: AUGEN ZU UND DURCH alle Abteilungen Ihres eigenen „Ichs" gehen. Sammeln Sie alles, was Sie auf den Sperrmüll geben möchten.

Zum Beispiel:

Was ist nicht mehr zu gebrauchen an Verhaltensweisen:
Ausreden zu benutzen, wie früher – so tun, als ob ich ruhig wäre, obwohl ich es nicht bin – lachen, auch wenn einem gar nicht danach zumute ist – sich hart zeigen, obwohl ich Menschlichkeit geben möchte …

Was schafft Platz:
zum Beispiel alles Besserwissen, nur seine Meinung gelten lassen, Neid …

Ungute Erinnerungen räumen:
Ungerechtigkeit, Streit, Missverständnisse, Erlebnisse von früher …

Und die defekten Dinge:
Vorurteile, nachtragend sein, Misstrauen …

So etwa könnte Ihre Notiz aussehen

Ich will mich davon trennen, nachtragend zu sein.

In Zukunft hüte ich mich auch vor Vorurteilen und werfe diese über Bord.

Ich will nicht mehr auf alles und jeden hören, bevor ich es nicht gründlich geprüft habe.

Ich werde nicht mehr Ideen wie „Um jeden Preis, Hauptsache Erfolg" oder „der Zweck heiligt die Mittel" ungeprüft teilen.

Be-schreiben Sie, was Sie nicht mehr wollen

Denken Sie daran, in ganzen Sätzen zu schreiben und entrümpeln Sie mit jedem Satz all das, was Sie in Zukunft loslassen wollen. Raus damit, entrümpeln Sie wirklich gründlich!

Extra-Tipp

Übernehmen Sie Entrümplungstermine in die Schritte Erforderliches und Mögliches. Damit können Sie überprüfen, ob Sie es wirklich entrümpeln oder das eine oder andere vielleicht unbewusst und aus Gewohnheit doch behalten wurde. Je ÖFTER Sie es tun, umso besser klappt es auch. Es sollte eine Freude werden, belohnen Sie sich, wenn es besonders gut geklappt hat oder Sie sich besonders gut dabei gefühlt haben.

Das Herz ordnen

Jetzt kommen wir zu dem Punkt, dass Sie auch begründen, warum Ihnen die Gelassenheit so wichtig ist. Was ist Ihr Motiv, denn ohne Motiv keine Motivation und ohne die bleibt alles ein frommer Wunsch, PUNKT. Deshalb be-gründen Sie jetzt Ihr Vorhaben, schaffen Sie ein Fundament. Das können Sie an verschiedenen von Ihnen gewünschten Ergebnissen, Eigenschaften, Tugenden etc. festmachen. Als Beispiele habe ich mir die Tugenden Menschlichkeit und Herzlichkeit ausgesucht. Ich bin zutiefst davon überzeugt, dass fast alle Menschen gerne beides leben möchten, aber sich irgendwie nicht trauen oder gar auch schämen, dies selbstbewusst und souverän zu zeigen, was ja eine Form der Gelassenheit ist.

Ich las einmal in einem gutem Buch Folgendes: Der herzliche Mensch ist neugierig, interessiert sich für Meinungen und Ereignisse, er urteilt nicht, er bewundert nicht falsch, er hinterfragt, er hört aufmerksam zu, er ist nicht eifersüchtig, er fühlt sich nicht sofort angegriffen, er sieht den ganzen Menschen, den wahren Kern. Was aber lernen Manager auf Seminaren: Aktiver zuhören, Fragetechniken, wie beurteile ich richtig und, und, und … Dabei brauchen sie nur ihre Herzlichkeit. Oh, Verzeihung für diese Spitze, so schnell geht es! Entschuldigen Sie mich einen Augenblick, aber ich muss mal wieder zum Sperrmüll.

Albert Schweitzer

„Viel Kälte ist unter den Menschen, weil wir nicht wagen, uns so herzlich zu geben, wie wir sind.“

Das Herz ist unser Lebensorgan, wenn es nicht mehr schlägt, ist unser Leben zu Ende. Wir sprechen auch von Herzlichkeit, dass uns was zu Herzen geht, dass uns etwas das Herz höher schlagen lässt oder dass wir für etwas unser Herzblut geben würden oder dass uns das Herz bricht. Herzlichkeit, also das Handeln nach dem Herzen, ist eine wichtige zentrale Eigenschaft in unserem Leben. Die Herzlichkeit zeigt sich dadurch, dass ein Mensch auf andere zugeht, sie respektiert und akzeptiert, so wie sie sind. Er begegnet den Menschen mit einer Freude und Liebe, weil er genau weiß, dass jede Begegnung ein Geschenk ist. Gehen Sie gerne auf Menschen zu, respektieren und akzeptieren Sie alle Menschen, egal welcher Herkunft und Bildung? Begegnen Sie den Menschen mit Ihrer Freude und Liebe, mit dem Bewusstsein, dass jede Begegnung ein Geschenk ist? Ein herzlicher Mensch zeigt auch seine Gefühle, zum Beispiel Freude und Betroffenheit, und zwar sehr offen. Er ist auch bewegt und berührt von Ereignissen und er taucht in die Situation des anderen ein. Deshalb spürt er die Hintergründe bestimmter Handlungen genauer und intensiver. Das heißt nicht, dass er sie auch toleriert, aber er bringt Verständnis dafür auf. Der herzliche Mensch lässt sich auch in sein Herz reinschauen. Lassen Sie dies bei sich selbst auch zu? Welchen Gewinn soll diese Eigenschaft der Herzlichkeit überhaupt haben und warum sollten Sie Ihre leben?

So etwa könnte Ihre Notiz aussehen

Ich will die Tugend der Aufmerksamkeit für mich in Anspruch nehmen. Ich habe es selbst schon erlebt, dass manche Situation durch aufmerksames Betrachten sich anders darstellt als sie im ersten Moment schien. Immer dann konnte ich auch gelassener damit umgehen.

Be-sinnen Sie sich Ihrer Tugenden

Nutzen Sie zum Beispiel Eigenschaften oder Tugenden, die Sie mit Gelassenheit erreichen möchten. Hier eine kleine Auswahl: Anständigkeit, Aufmerksamkeit, Aufrichtigkeit, Ausdauer, Beharrlichkeit, Bescheidenheit, Besonnenheit, Dankbarkeit, Disziplin, Echtheit, Ehrlichkeit, Entschlossenheit, Fairness, Fleiß, Flexibilität, Gelassenheit, Gerechtigkeit, Gewissenhaftigkeit, Hingabe, Höflichkeit, Hoffnung, Kameradschaft, Loyalität, Menschlichkeit, Mitgefühl, Mut, Objektivität, Offenheit, Ordnungsliebe, Pünktlichkeit, Rechtschaffenheit, Reinheit, Reinlichkeit, Sachlichkeit, Sauberkeit, Selbstbeherrschung, Selbstlosigkeit, Sparsamkeit, Solidarität, Taktgefühl, Toleranz, Treue, Wärme, Weisheit, Zuverlässigkeit

So verschieden die Menschen sind, so unterschiedlich ist die Gewichtung der Tugenden, die einem etwas wert sind. Was möchten Sie, welche Eigenschaften sind für Sie persönlich wichtig? Welche Tugenden können Sie leben (zum Beispiel Verständnis, Liebe, Offenheit ...)? Wege dorthin habe ich in verschiedenen Weisheiten gefunden. Ich möchte ein paar Beispiele dazu erzählen, damit Sie sich orientieren können, falls Sie im Moment nicht schon dabei sind, Ihre Tugenden selbst zu finden.

Weisheit

Der Mensch ist wie ein Granatapfel. Wenn er den Mund öffnet, zeigt er den Inhalt seines Herzens!

Also, sich offenbaren, den Menschen zeigen, was Sie empfinden und fühlen. Was würden Sie gerne sagen, was bewegt Sie? Haben Sie den Mut, das zu sagen, was Sie bewegt, was Sie sagen möchten. Dabei ist es überhaupt nicht wichtig, wie Sie den Satz bilden, er muss nicht geschliffen sein oder sich gar besonders gebildet anhören. Sagen Sie es, aus Ihrem Herzen. Sicherlich wird am Anfang der eine oder andere verwundert sein, ja, es kann sogar so weit gehen, dass andere sich über Sie lustig machen. Doch das liegt nur daran, dass es neu ist, wie Sie sich verhalten! Ein kleines Beispiel aus dem Leben: Ich habe einmal in einem Seminar darüber gesprochen, dass es ein tolles Gefühl ist, wenn jemand anders reagiert als andere, gerade in Bezug auf Menschlichkeit und Herzlichkeit. Ein paar Wochen später erzählte mir ein Teilnehmer von folgendem Erlebnis: *Eines Tages saß er wie jeden Morgen um 8:00 Uhr mit seinen Kollegen im Büro, als der Chef das Büro betrat und mitteilte, dass einer ihrer Kollegen krank wäre. Die Kollegen, wie auch der Chef, beteiligten sich nun an einer intensiven Lästerstunde. „Klar, wir machen die Arbeit und er ist mal wieder krank"; „Der hat wohl gewusst, was heute zu tun ist"; „Typisch, es ist ja Montag, so gewinnt er ein verlängertes Wochenende". So ging das eine Weile, erzählte er mir, doch er selbst beteiligte sich nicht daran, sondern hörte zu und stellte sich dauernd die Frage: „Wie kann ich jetzt Herzlichkeit leben?" Als einer der Kollegen ihn ansprach, was er denn denke, antwortete er noch immer mit den Gedanken bei der Herzlichkeit und Menschlichkeit: „Wissen Sie, wie krank er wirklich ist? Ich werde ihn anrufen, denn ich mache mir Sorgen!" Mit einem Mal war es still und jeder hätte eine Stecknadel fallen hören. Die Betroffenheit war groß und nun wurde wohl jedem im Raum klar, dass das*

Lästern und Schimpfen nicht unbedingt in Ordnung war! Zum Schluss erzählte er mir: „Ich war an diesem Tag so glücklich über mich selbst, so froh, dass ich so gehandelt habe, dass ich auf dem Heimweg vor Freude weinte.“

Gelebte Tugenden sind etwas Wunderbares, denn damit zeigen Sie den Menschen Ihr Inneres und es führt dazu – manchmal dauert es ein bisschen – dass Sie auch das Herz des anderen gezeigt bekommen. Wichtig ist und deshalb sage ich es gerne nochmals, lassen Sie Ihr Herz sprechen, nicht nur immer Ihren Verstand, auch wenn er noch so brillant erscheint, er ist nicht ganz so brillant wie Ihr Herz.

Hinweis

Dem aufmerksamen Leser unter Ihnen wird gleich auffallen, dass es scheinbar keinen Unterschied zwischen den Tugenden und Werten (beim nächsten Abschnitt) gibt. Das kann ich bestätigen, denn ich vertrete die Auffassung, dass gelebte Werte zu Tugenden werden. Ich unterscheide hier deshalb, weil ich denke, dass Sie schon viele Tugenden besitzen, deshalb ist die Auswahl etwas größer. Hier bedarf es unter Umständen nur etwas mehr Mut sie auch zu leben. Die Werte, die Sie in der Auswahl finden, treten nach meiner persönlichen Erfahrung manchmal in den Hintergrund, warum auch immer. Falls Sie die Aufteilung für sich anders sehen, ist das Ihr gutes Recht, denn Sie wissen genau, was Sie als Impuls benötigen, egal was andere sagen – mich eingeschlossen.

Werte machen wertvoll

Zum Abschluss des Schrittes Grundsätzliches bestimmen Sie für sich Ihre Wertvorstellung, die Sie als Handlungsgrundlage beschreiben möchten. Jeder Mensch hat seine ganz persönlichen Wertvorstellungen, das kann sicherlich jeder bestätigen, aber sind diese auch selbst gewählt? Um das herauszufinden, möchte ich den Begriff genauer beleuchten. Erinnern Sie sich noch: Wertvorstellungen oder kurz Werte, sind Vorstellungen über Eigenschaften, von etwas, dass dem Individuum sehr wichtig und von hoher Bedeutung ist. Es ist sinnvoll, in grundsätzliche und momentane Entscheidungsgrundlagen zu unterteilen. Die grundsätzlichen können fest verankerte Werte sein, die ich selbst für mich definiert habe. Die momentanen Entscheidungsgrundlagen sind von Faktoren wie Umfeld, Situation, Ereignis, Stress, Angst, Glück etc. abhängig. Die NOTIZBUCH-STRATEGIE legt sehr viel Wert darauf, die eigenen Werte zu definieren und diese als grundsätzliche Grundlage zu bestimmen, um die Strategie auch realistisch und umsetzbar zu gestalten.

So etwa könnte Ihre Notiz aussehen

Ich will mir meine bisherigen Werte Ausdauer und Loyalität zu Nutze machen, um die Gelassenheit zu lernen.

Be-sinnen Sie sich Ihrer Werte

Auch hier gilt, schreiben Sie in ganzen Sätzen – ein Beispiel: Alles, was ich in Zukunft unternehme, will ich selbst bestimmt haben und soll meinem Lebensglück dienen, auf dass ich durch Gelassenheit gerechter mit anderen Menschen umgehen kann.

Auch hier eine kleine Auswahl von Werten: Achtsamkeit, Ausdauer, Barmherzigkeit, Demut, Glaube, Großmut, Güte, Kameradschaft, Klugheit, Lebendigkeit, Loyalität, Mäßigung, Menschlichkeit, Mitleid, Nächstenliebe, Opferbereitschaft, Ritterlichkeit, Ruhe, Selbstlosigkeit, Standhaftigkeit, Tapferkeit, Tatkraft, Vernunft, Verschwiegenheit, Vertrauen, Wahrhaftigkeit, Weisheit.

Das Fundament

Herzlichen Glückwunsch, Sie haben im Grundsätzlichen das Fundament für Ihr Vorhaben gelegt. Das gilt auch, falls Sie sich nicht an dem Beispiel orientiert haben, sondern schon Ihr eigenes Thema bearbeitet haben. Ich kann mich noch gut an meinen Hausbau erinnern. Nach dem Aushub wurde von den Bauleuten das Fundament ausgelegt. Seine Stärke wurde vorher genauestens und sorgfältig ausgerechnet und bestimmt. Obwohl Sie es nie mehr sehen werden, hat es dennoch einen großen Stellenwert. Es trägt die Last des Hauses. Ein Fehler, eine falsche Berechnung und der ganze Bau würde gefährdet sein, im schlimmsten Falle unbewohnbar. Nochmals, das Fundament wird nicht mehr sichtbar sein und dennoch benötigt es größte Sorgfalt und Genauigkeit. Für jedes Haus ist sehr wichtig, dass es sicher, stark und verlässlich ist. Das Grundsätzliche bildet Ihr Fundament. Je klarer es formuliert ist, umso höher und größer können Sie Ihr Haus – also Ihr Vorhaben – bauen. Ihr großes Haus soll viele Zimmer haben und in unserem Fall heißen diese Zimmer Alltag, Beziehung, Familie, Karriere, Beruf, soziales Umfeld usw. Die Zimmer haben selbstverständlich auch Möbel, die ich hier Selbstsicherheit, Selbstwertgefühl, Werte, Sinn, Durchsetzungskraft, Verständnis, Logik und Vernunft nenne. Wie wichtig dieses

Fundament ist, werden Sie beim Erarbeiten der nächsten Schritte bemerken, denn wir werden immer wieder darauf zurückgreifen. Wenn ich Teilnehmer treffe und das oft Jahre später, werde ich immer als Erstes auf das »Grundsätzliche« angesprochen. Die meisten können sogar noch Sätze aus unseren Ausführungen zitieren und erzählen mit Stolz, wie sie ihr eigenes Fundament bereits umsetzen. Es bestimmt einfach die Art und Weise, was und wie Sie Ihre Strategie anwenden und nutzen, es bestimmt den Weg und Ihre Absicht. Das Beste aber daran ist, dass es für Sie zum roten Faden wird. Es ist die Grundlage Ihres Tuns.

2. Schritt – Tatsächliches

Jetzt kommt der Zeitpunkt, wo Sie der Realität ins Auge schauen. Dem können Sie ganz gelassen entgegentreten, denn Sie haben ja Ihr Fundament im Grundsätzlichen festgelegt. Kennen Sie einen Hausbauer oder haben Sie vielleicht selbst schon gebaut? Jeder, den ich bisher getroffen habe, sagte mir: „Wenn ich nochmals bauen müsste, würde ich vieles anders machen.“ Keiner hatte Scheu, über seine Fehler, Unachtsamkeit oder Unerfahrenheit beim ersten Bau zu sprechen. So machen wir das jetzt auch. Wir reden ganz entspannt und gelassen über Ihre Erfolge und Misserfolge im Umgang mit Ihrer Gelassenheit, damit Sie es richtig einordnen und damit umgehen können. Be-trachten Sie Ihren Alltag und damit Ihnen das gut gelingt, lassen Sie es ganz still um sich werden. Das will ich gerne unterstützen und deshalb möchte ich kurz über die Stille reden.

Stille finden

Was ist Stille? Diese Frage habe ich mir immer wieder gestellt und dachte daran, wie ich es lernen könnte, mehr zu schweigen und mehr zuzuhören. Eines Tages bekam ich ein besonders schönes Geschenk zu Weihnachten: einen 5-tägigen Aufenthalt in einem Franziskanerorden. Als ich das beigefügte Heft durchlas, fiel mir auf, dass es viele Zeiten gab, die mit dem Wort „Stille" tituliert waren. Nun, ich war sehr gespannt und neugierig. Würde ich hier lernen still zu werden? Ich habe die ersten drei Tage im Kloster verbracht und in der Tat, war es sehr erholsam. An jenem dritten Tag kam ich mit einem der Ordensbrüder ins Gespräch und es dauerte nicht lange und wir kamen auf die „Stille" zu sprechen. Er hörte mir zu, als ich meine Version von Stille von mir gab, ich wollte lernen zu schweigen, also im richtigen Moment meinen Mund halten zu können. Sicherlich, so sagte er, ist es ganz nützlich und doch, das ist nicht die Stille, die er kennt. Stille ist etwas Aktives, ein In-sich-Hineinhorchen, die innere Ruhe finden, damit ich meine eigene Stimme hören kann.

Be-trachte das Tatsächliche

Versuchen Sie sich jetzt an Situationen zu erinnern, wo Gelassenheit wichtig gewesen ist. Hier unterscheiden Sie für sich: In welchen Situationen haben Sie nicht die Gelassenheit gehabt, die Sie sich wünschten und wann waren Sie gelassen – also ist es Ihnen gelungen. Beides schreiben Sie in ganzen Sätzen (ich wiederhole das gern) nieder. Empfehlenswert ist, dass Sie das wirklich trennen und immer mit dem beginnen, was Ihnen nicht so gut gelang. Das mag Ihnen ein wenig komisch vorkommen, nach den schönen Wünschen jetzt anschließend die Misserfolge aufzuführen, aber Sie werden sehen, dass Sie jetzt keinen Grund haben zu schummeln und es ist, wie bereits gesagt, wichtig, dass Sie jetzt ehrlich mit sich selbst sind. Damit Ihnen das gelingt, habe ich Ihnen nicht nur ein paar Impulse zu „Was ist geschehen", sondern auch zu „Wie kann ich damit umgehen" vorbereitet.

Sei dankbar für alles bis zum jetzigen Augenblick

Lassen Sie die Erinnerungen, egal wie sie waren, an Ihrem geistigen Auge vorüberziehen und erfreuen Sie sich, dass es immer weiterging im Leben. Möchten Sie lieber für sich alleine, laut oder leise, DANKE sagen, bei wem auch immer, wenn es Ihnen gerade danach ist? Tun Sie es, es ist die Zeit dafür.

Akzeptiere, das alles was war und wie es jetzt ist, gut ist. Denken Sie an Ihre persönliche Schöpfungsgeschichte, war es nicht gut so, was Sie bisher erfahren haben? Hat es Sie nicht weitergebracht in der Lebenserfahrung? Haben Sie nicht letztendlich gewonnen, auch wenn Sie vielleicht etwas verloren haben?

Besinne dich auf das Jetzt und Hier und lasse alles los. Jetzt können Sie Ihre Zukunft gestalten! Schreiben Sie alle Erlebnisse und Ereignisse auf, die Ihnen jetzt wichtig scheinen:

So etwa könnte Ihre Notiz aussehen

Ich ärgere mich im Büro sehr oft über meine Kollegen, wenn sie die Unterlagen einfach nicht pünktlich abgeben. Sie wissen genau, dass ich erhebliche Unannehmlichkeiten bei meinen Kunden bekomme und deshalb auf eine pünktliche Abgabe angewiesen bin. Das regt mich auf und deshalb reagiere ich sehr zornig und manchmal auch laut. Gut geht es mir dabei nicht.

Mein ganzer Tag ist im Grunde versaut und leider bekommt es auch meine Frau abends noch ab, wobei sie gar nichts dafür kann.

Entspannt bin ich bei meinen Freunden im Sportverein. Weil ich zu den besten Tennisspielern im Verein gehöre, kann ich sehr viele Tipps geben und vor allem die jungen Spieler aufbauen, wenn sie mal ein Spiel versemmelt haben.

Meine Frau hat mich schon oft darauf aufmerksam gemacht, dass ich äußerst gereizt bin, wenn ich vom Büro komme und vor allem dann, wenn ich mich mal wieder über den Kollegen geärgert habe.

Manchmal habe ich den Eindruck, dass meine Kollegen sich der ganzen Tragweite nicht bewusst sind. Sie sollten doch wissen, dass ich Ärger mit meinem Kunden bekomme.

Neulich habe ich direkt einen Wutanfall bekommen und dies auf ziemlich launische Art gezeigt. Im Nachhinein betrachtet, ging es mir an diesem Tag überhaupt nicht gut, weil ich sauer war.

Nein, solche Tage mag ich überhaupt nicht, aber ich denke jeden Morgen auf der Fahrt zur Arbeit, dass es heute wieder so ein Tag werden könnte.

Frageimpulse zu: Was ist mir nicht so gelungen?

- In welchen Situationen habe ich zu wenig Gelassenheit gelebt?
- Welche Situationen fallen mir ein, wo ich schnell auf die Palme gehe?
- Wie habe ich mich im Allgemeinen und im Besonderen dabei verhalten?
- In welchen Situationen empfinde ich im Nachhinein mein Denken, Fühlen oder Handeln als nicht sehr vorteilhaft?
- Welche Wirkung hatte es für mich und andere?

Frageimpulse zu: Was ist mir gelungen?

- Welche Situationen gab es, wo mein Denken, Fühlen und Handeln meinen jetzigen Grundsätzen am ehesten entsprach?
- Wann ist es mir bewusst gelungen, Gelassenheit zu demonstrieren?
- Welche Werte habe ich bewusst meinem Handeln zugrunde gelegt?

Sie haben es geschafft, wie fühlen Sie sich? Sie kennen sicher den Ausspruch – sich was von der Seele schreiben. Das ist befreiend, oder? Sie haben ausgedrückt, was gerne mal unterdrückt wird, es ist raus und damit greifbar oder sollte ich sagen be-greifbar? Sie können es greifen und das, was Ihnen nicht gefällt wegwerfen und was Ihnen gefällt halten. Um einen Gegenstand aufzuheben, müssen Sie ihn greifen oder ist es Ihnen schon passiert, dass Ihnen zum Beispiel ein Stein in die Hand flog? Ist es ein schöner Stein, werden Sie ihn behalten und ihm einen schönen Platz geben. Ist es ein schmutziger und unschöner Stein, werfen Sie ihn wieder weg. Einen Stein können Sie nicht wegwerfen und genauso wenig können Sie ihn behalten, wenn Sie ihn nicht vorher aufgehoben haben. So ist es auch mit Ihrem Tatsächlichen, Sie können nur entscheiden, was Sie behalten und was Sie loslassen, wenn Sie es auch klar vor Augen haben und be-greifen können.

3. Schritt – Erforderliches

Jetzt werden Sie Ihre Maßnahmen be-stimmen. Es geht also nur darum, dass Sie jetzt mit den Schritten Grundsätzliches und Tatsächliches arbeiten, vergleichen und die Essenz aus den beiden ziehen. So wird aus dem Wünschen und Hoffen eine Tat der Umsetzung, nämlich Ihre umsetzbare Strategie.

Be-stimmen Sie Ihre Maßnahmen

Nachdem Sie die beiden Seiten verglichen haben, fallen Ihnen bestimmt Maßnahmen ein, die Sie gerne loslassen, bewahren oder erneuern möchten. Sie sind sich sicher, dass dies Ihnen auf Ihrem Weg weiterhilft. Gut, dann formulieren Sie jetzt ganz konkret Ihre Maßnahmen, Aufgaben oder Lösungen. Zur Erinnerung nochmals die Wichtigkeit der konkreten Formulierung als Beispiel. Nehmen wir an, Sie reagieren immer sehr ungehalten, wenn ein Kollege kommt, um Ihnen noch etwas Arbeit abzugeben (wohlwollend formuliert), obwohl Sie selbst genug zu tun haben.

So etwa könnte Ihre Notiz aussehen

In Zukunft werde ich zunächst einmal innehalten, da ich ja auf diese Situation jetzt vorbereitet bin. Deshalb werde ich bei der nächsten Gelegenheit das Gespräch in aller Ruhe und Vernunft suchen und meinem Kollegen geduldig zuhören und ihm sagen, was mir an der Vorgehensweise nicht gefällt.

Für den Fall, dass mich die Gelassenheit verlässt, halte ich dies in meinem kleinen Buch sorgfältig fest, um herauszufinden, wie ich dabei denke, fühle, handele und welchen Wert und welche Folgen es für mich hatte. Vor allem werde ich beschreiben, wie es zu den Situationen überhaupt kam, was der Auslöser war und wo ich – wenn auch im Nach hinein – eine Chance sehe, in Zukunft anders zu reagieren.

Warum so und nicht anders?

Stellen Sie sich folgende Situation vor: Sie lesen ein paar Wochen später diese Seite in Ihrem Notizbuch. Mit der Variante „ Ich will gelassener reagieren und lächeln" – werden Sie zufrieden nicken und sagen, genau, ich habe mir so oft wie möglich vorgenommen gelassen zu sein.

Wenn sich nichts geändert hat (Variante 2) müssen Sie sich fragen, habe ich das, was ich mir konkret vorgenommen habe, auch durchgeführt? Habe ich das Gespräch wirklich gesucht und auf den Punkt gebracht?

Der Spaß am Erledigen

Beschließen Sie es aufs Neue: „Heute werde ich in aller Ruhe ein Gespräch suchen und vor allem hinterfragen, was wir gemeinsam ändern können, um eine Lösung zu erlangen." Sie sehen, wenn Sie konkret sind, haben Sie immer wieder eine neue Chance, bis es Ihnen gelungen ist. Durch diese Schritte werden Sie konkreter und mit jeder erledigten Maßnahme rücken Sie einen Schritt weiter zu Ihrem Ziel. Das aber geschieht selbstbestimmt und Sie werden bemerken, dass der Zwang völlig raus ist. Sie werden Spaß daran bekommen, Erforderliches zu erledigen.

Impulsfragen
- Welche Abweichung, Widersprüchlichkeit und Diskrepanz gibt es zwischen den Schritten Grundsätzliches und Tatsächliches?
- Welche Maßnahmen sind erforderlich?

Die Reflexionsfragen
- Bin ich wirklich für diese Maßnahme bereit, habe ich den Mut dazu?
- Hilft mir meine Maßnahme wirklich weiter?
- Ist das mit meinem GRUNDSÄTZLICHEN vereinbar?

Besonders für den letzten Punkt möchte ich einen weiteren Impuls geben. Jede Maßnahme sollte mit Ihren Werten zu vereinbaren sein, so werden Sie diese auch mit viel Selbstbewusstsein und Souveränität in die Praxis umsetzen. Mein Lebensmotto heißt: „Verbinde, was andere trennen“ und so komme ich auch auf das Wort Liebe zu sprechen.

L.I.E.B.E. ?

Was bedeutet eigentlich Liebe? Ist es etwas sehr Intimes? Kann ich nur einen kleinen Kreis Menschen lieben? Ist es möglich, seinen Chef oder seine Mitarbeiter zu lieben? Seinen Nachbarn oder Geschäftspartner? Ich frage sehr gerne meine Seminarteilnehmer: „Was verstehen Sie unter Liebe?“ Die Antworten sind eigentlich immer wieder die gleichen: „Vertrauen, Zuneigung, Wärme, Geborgenheit, Zärtlichkeit, Zugehörigkeit, Kraft, Romantik, Kinder, Gefühle, Miteinander … .“ Sicherlich kann ich dies nicht mit jedem Menschen teilen, oder? Was aber, wenn ich Liebe so definiere: **L** ass **I** mmer **E** ine **B** rücke **E** ntstehen. Eröffnet nicht diese Art der Übersetzung eine ganze andere Möglichkeit zu lieben? Auch für meinen Chef, Mitarbeiter, Nachbarn oder Geschäftspartner? Das mach ich nicht, was sollen die anderen über mich denken. Das ist doch Schwäche, das heißt doch wieder nur nachgeben. WIRKLICH? Brücken entstehen lassen statt streiten? Brücken entstehen lassen für das Verständnis? Brücken entstehen lassen, um Harmonie zu schaffen? Brücken entstehen lassen damit sich mein Gegenüber auf meine Maßnahmen einlassen kann? Ist dies nicht eine Form von Liebe, die auch alltagstauglich ist? Die Stärke bedeutet? Die mein Selbstwert steigert?

Lass **I**mmer **E**ine **B**rücke **E**ntstehen, oder? Bei welcher Gelegenheit haben Sie auch schon mal eine Brücke entstehen lassen? Wie haben Sie sich dabei gefühlt, momentan und später?

4. Schritt – Mögliches

Der letzte Schritt soll Ihnen ermöglichen, die von Ihnen formulierten und erarbeiteten Vorstellungen, Wünsche und Ziele – in diesem Beispiel Ihre Gelassenheit – in die Praxis umzusetzen. Das heißt, alles, was Sie in Erforderliches als Maßnahmen bestimmt haben, benötigt jetzt eine klare Struktur. Jetzt heißt es, wie setze ich es um? Hier zeigt sich, ob Ihre Maßnahmen eine Illusion oder realisierbar sind, das heißt es, ist eine letzte sorgfältige Prüfung. In dem Schritt Möglichkeiten werden also Ihre Vorstellungen gefestigt. Das geht allerdings nur, wenn Sie selbst von der Realisierbarkeit Ihrer Erforderlichkeit überzeugt sind. Ist das nicht der Fall, empfehle ich hier eine Nachprüfung. Sie prüfen jetzt alle Möglichkeiten, die Sie haben, und formulieren Ihre konkreten Aufgaben. Deshalb prüfen und begründen Sie die beiden Möglichkeitsebenen:

- M1 = Welche Möglichkeiten habe ich – Hilfe + Unterstützung.
- M2 = Welche Möglichkeiten bieten sich mir konkret meine Ziele umzusetzen.

Be-gegnen = M1

Wer oder was kann Ihnen eine Hilfe und Unterstützung sein? Jetzt können Sie alle Namen von Personen aufschreiben, die Ihnen einfallen und vor allem, von denen Sie gerne Hilfe annehmen würden. Was aber, wenn Ihnen niemand spontan einfällt? Oft liegt das auch daran, dass Personen ausgeschlossen werden, weil Sie denken, dass diese Ihnen nicht helfen wollen.

Aber woher wissen Sie das? Fertigen Sie eine Liste mit den verschiedensten Möglichkeiten an und gehen Sie diese systematisch durch, zum Beispiel:

Wen kenne ich ...
... von der Arbeit
... vom Sport/Verein

… aus dem Urlaub
… in der Familie
… aus dem Freundeskreis
… durch mein/e Mann/Frau
… durch meine Eltern/Schwiegereltern

Diese Liste ist beliebig erweiterbar!

Haben Sie die Liste fertig und Ihre Wahl getroffen, schreiben Sie den Name der Person auf und was genau Sie konkret von der Zusammenarbeit erwarten.

So etwa könnte Ihre Notiz aussehen

Mein Frau hat mich schon oft darauf aufmerksam gemacht. Ich denke, sie kann mir dabei helfen gelassener zu werden – zum Beispiel dadurch, dass sie mich darauf anspricht und ich mit ihr darüber reden kann.

Ich frage einen Freund aus dem Sportclub, der kennt solche Situationen sicher und vielleicht hat er das gleiche Ziel. Am Samstag sehe ich ihn und werde ihn darauf ansprechen – wir vereinbaren ein gegenseitiges Coaching.

Ich werde am Freitag nach Feierabend in eine Buchhandlung gehen und mich über diverse Titel zum Thema Gelassenheit informieren, vielleicht ist was Interessantes dabei.

Impulsfragen

- Wer kann mir helfen?
- Wer oder was kann mich unterstützen?
- Welche Informations- und Wissensquellen helfen mir weiter?

Die Reflexionsfrage

- Ist das für mich vorstellbar (realistisch)?

Be-gründen = M2

Hier beginnt Ihr persönlicher Spurwechsel real zu werden, Ihre Gedanken und Gefühle sollen ab jetzt in Ihrem Handeln erkennbar werden. Sie begründen jetzt Ihr Vorhaben, das heißt, Sie legen den Grundstein für Ihren Spurwechsel durch die klare Formulierung Ihres Ziels. Was wollen Sie wann, wo und wie erreichen, also die berühmten fünf Ws – Was? Wann? Wo? Wie? Wer? Legen Sie fest, was Ihre ersten Schritte sind und in welcher Lebenssituation Sie diese gehen möchten.

So etwa könnte Ihre Notiz aussehen

Ich werde mit meinem Kollegen für den (Datum) ein Gespräch vereinbaren und ihn bitten, sich dafür 30 Min. Zeit zu nehmen. Die Gesprächseröffnung könnte ich mir so vorstellen: „Ich habe gehört, was Sie von mir möchten und ich vermute, dass Sie im Moment sehr viel um die Ohren haben und dass Sie denken, dass ich noch über Kapazitäten verfüge. Auf der einen Seite finde ich es schön, dass Sie mir das anvertrauen wollen, die andere Seite ist aber die, dass ich mich überrannt fühle. Wissen Sie, ich würde mir wünschen, dass Sie mich in Zukunft vorab fragen, ob eine zusätzliche Arbeit überhaupt in mein Zeitfenster passt. Ist das für Sie in Ordnung?“

Impulsfragen

- In welchen Lebenssituationen (Privates, Beruf, Freizeit, Freunde, Familie etc.) möchte ich zuerst beginnen?

- Welche Möglichkeiten schaffe ich mir, um mich jeden Morgen daran zu erinnern?

Die Reflexionsfrage

- Ist Ihr Plan konkret formuliert?

Denken Sie daran, was Strategie heißt: Eine Strategie ist ein längerfristig ausgerichtetes, planvolles Anstreben einer vorteilhaften Lage oder eines Ziels.

Impuls: Ich entdecke meine authentische Rhetorik

1. Schritt: Grundsätzliches

Den Anfang bildet natürlich Grundsätzliches. Hier wird zugrunde gelegt, was und wie Sie sich Ihre Rhetorik vorstellen. Wie Sie denken, dass Sie glaubwürdig und überzeugend sein werden, ohne sich verbiegen zu müssen. Der Unterschied wird Ihnen klar, Sie werden keine sogenannte Erfolgsmethode finden, sondern die beste Methode der Welt – Ihre eigene! Frage ich meine Teilnehmer am Anfang eines Seminars, was Sie erreichen wollen, kommen immer wieder die gleichen Aussagen.

1. Ich will selbstsicher werden!
2. Ich möchte kompetent wirken!
3. Ich will souverän auftreten!

Und nun? Jetzt werden Tricks und Methoden erwartet, die diesen Anschein erwecken sollen, und so mündet es oft in einer Art Schauspielerei, die letztendlich, weil sich der Einzelne verbiegen muss, zu noch mehr Unsicherheit führt. Damit es zu keiner Wünsch-dir-was-Veranstaltung wird, fordere ich Sie auf, gezielter an Ihr Vorhaben heranzugehen. Zunächst beschreiben Sie Ihr Vorhaben (Ihre authentische Rhetorik entdecken) und besinnen Sie sich auf Ihre Wertvorstellung, die Ihnen ein sicheres Entscheidungsfundament für später sichert.

Beschreibung: Statt, wie oben beschrieben „Ich will selbstsicher werden" werden jetzt Formulierungen gewählt, die etwa so klingen:

So etwa könnte Ihre Notiz aussehen

be-schreiben

a. Mein Ziel ist, dass mich meine Zuhörer als Redner akzeptieren, so wie ich bin, mit allen meinen Eigenschaften und Fähigkeiten. Besonders will ich mit meiner Praxiserfahrung und der damit verbundenen einfachen Ausdrucksweise meine Zuhörer begeistern.

b. Meine Absicht ist, dass ich als Redner in meinen Reden und Anweisungen mehr Nachhaltigkeit und Klarheit erreiche, dass meine Position (inhaltlich) auf Verständnis stößt und ich meine Mitarbeiter damit motiviere.

c. Ich habe sehr viel Erfahrung und kann unterscheiden, was in der Praxis wirklich funktioniert und was nicht. Deshalb will ich mich nicht dem allgemeinen Besprechungsstil unterordnen, sondern mich trauen, meine Einwände vorzubringen, weil ich weiß, dass sie für den Erfolg meiner Abteilung wichtig sind.

So etwa könnte Ihre Notiz aussehen (Fortsetzung)

be-sinnen

a. Als Grundlage will ich für mein Handeln folgende Werte definieren: Alles, was ich tue, soll der Sache dienen und mit Ehrlichkeit und Fairness bedacht sein. Mein Handeln und Denken soll von dem Gedanken geprägt sein: „Was du nicht willst, das man dir tu´, das füge keinem anderen zu."

b. Die wichtigsten Werte sollen für mich sein: Verlange nichts von anderen, was du nicht bereit bist, selbst zu tun. Erkenne die Persönlichkeit des anderen an, suche seine Stärken und fördere sie. Sei ehrlich und sage immer ohne Umschweife, was der wahre Hintergrund für dein Handeln ist.

Entscheidend ist wieder, dass Sie sich Zeit nehmen und in ganzen Sätzen schreiben.

Grundsätzliches bildet die Grundlage für Ihre Veränderung. Das heißt, alles was Sie jetzt im Weiteren beschließen, muss der Überprüfung auf das Grundsätzliche standhalten. Somit hat der Schritt Grundsätzliches neben einer Beschreibung des Solls auch eine Kontrollfunktion.

2. Schritt: Tatsächliches

Dieser Schritt ist wieder eine genaue Betrachtung des bisher Erlebten und Erfahrenen.

Denken Sie daran, umso ehrlicher Sie mit sich selbst sind, desto klarer wird, was Sie bewahren, loslassen und erneuern wollen und können. Es geht darum, dass Sie sich ein Bild machen, wie Sie Ihre eigene persönliche

Rhetorik bisher erleben. An dieser Stelle wiederhole ich mich sehr gerne: Eine Bestandsaufnahme ist nicht immer einfach, wagt sie doch einen Blick auf die Realität mit der Tatsache, dass Differenzen zwischen „Wie will ich sein" und „Wie bin ich wirklich" offenkundig werden. Nehmen Sie sich also wieder genügend Zeit und betrachten Sie das, was Sie aktuell wahrnehmen und das, was Ihnen die Erinnerung sagt.

be-trachten – Wahrnehmung und Erinnerung
Hier reicht es nicht zu schreiben: „ich bin am Anfang einer Rede immer sehr nervös." Nein, die Betrachtung sollte genauer und tiefer gehen. Woher kommt diese Nervosität genau? Wobei das auch die Vermutung sein kann, wenn Sie es nicht genau wissen.

Der Schliemann-Effekt
Hier wird das kleine Sudelbuch ganz interessant und erinnert an die großen Entdecker vergangener Zeit. Das können Sie sich zu eigen machen, zu schreiben und festzuhalten, wie einst Schliemann, der abends im Zelt, nur beleuchtet von einer Petroleumlampe, seine Erkenntnisse und Erlebnisse festhielt. Oder nehmen Sie David Livingstone, der mitten im Dschungel an einem Lagerfeuer seine Notizen machte, um nur zwei Beispiele zu nennen. Das Bemerkenswerte an diesen Menschen war, dass sie nicht nur ihre Forschungsergebnisse niederschrieben, sondern sie haben auch ihre Denkweisen, Gefühle, Konflikte und Erfolge kommentiert. So können wir uns heute eine Vorstellung von diesen Forschern machen und ahnen, wie sie als Mensch gewesen sind. Und warum? Weil die Gründlichkeit der Aufzeichnungen selbst nach Jahrzehnten diese Schlussfolgerung zulässt. Eine

faszinierende Vorstellung! Das können Sie sich zu Nutze machen und deshalb: Haben Sie immer Ihr kleines Notizbuch dabei und schreiben Sie alles auf!

Ein paar Beispiele:

So etwa könnte Ihre Notiz aussehen

be-trachten

a. Wenn ich den Auftrag bekomme, einen Vortrag zu halten, werde ich sofort nervös. Zunächst weiß ich nämlich gar nicht, was mich erwartet, was ich sagen soll und was sich die Zuhörer vorstellen. Außerdem fürchte ich, dass ich nicht kompetent genug rüberkomme, da mein Chef ein sehr kritischer Mensch ist.

b. Meinen letzten Vortrag fand ich persönlich recht gut, aber dann kamen die Fragen und die haben mich sehr oft aus dem Tritt gebracht, besonders dann, wenn ich keine schnellen Antworten parat hatte. Dabei wurde ich teilweise sehr schwammig in meinen Aussagen und wurde immer unsicherer.

c. Heute habe ich eine Produktpräsentation durchgeführt und meine Kunden waren richtig begeistert. Besonders meine Erklärungen und die vielen Beispiele hatten sie gelobt. Mein Chef hat das nicht mitbekommen und kritisierte mich hinterher, dass meine Präsentation nicht sehr kompetent rüberkam; er meinte, ich erzähle zu viel drum rum! Das macht mich trotz des guten Feedbacks der Kunden – wovon mein Chef nichts wissen will – unsicher. Wie soll ich in Zukunft agieren?

Frageimpulse

- Wie ist mein Denken, Fühlen und Handeln derzeit zu dem Thema?
- Was sagen andere über mein Verhalten zu diesem Thema – gibt es Konflikte?
- Welche Ereignisse sind mit meinem Thema vergleichbar?

Es ist immer wieder erstaunlich, was wir alles schon längst wissen, weil wir bereits über eine Menge Erfahrungswerte verfügen. Nur vergessen wir das manchmal.

Reflexionsfragen:

a. Ist das wirklich so?
b. Woher weiß ich das?
c. Was steckt genau dahinter?
d. Wer sagt mir was?
e. Warum sehe ich das so?

Es sind noch zwei wichtige Schritte, bis Sie ganz genau wissen, wie Sie zu Ihrer eigenen und authentischen Rhetorik gelangen. Weiter so!

3. Schritt: Erforderliches

Nach wie vor ist Ihr Ziel, zu einer authentischen Rhetorik zu gelangen. Nachdem Sie nun Ihre Ziele, Werte und Absichten bestimmt (Grundsätzliches) und genau betrachtet haben, wie Sie Ihre Rhetorik erlebt (Tatsächliches) haben, ergeben sich schon fast automatisch die ersten Ideen zur Veränderung.

Prosa statt Rap

Wenn Grundsätzliches und Tatsächliches aneinandergehalten werden, könnten Sie den Satz: „Ich muss sicherer werden" als Erforderlichkeit bestimmen. Das eben ist aber eine Floskel, die sich überhaupt nicht greifen lässt. Uns wurde zu oft weißgemacht, dass man alles kurz fassen muss. Das Ergebnis ist ein Wortstakkato, wodurch viele Dinge nicht mehr klar ausgedrückt werden, sondern stehen als Worte einfach nur da, ohne Bezug, Begründung und Hintergrund. Im Prinzip ergibt sich das Erforderliche aus der Abweichung, Widersprüchlichkeit und Diskrepanz zwischen dem Grundsätzlichen und dem Tatsächlichen. Doch wie gesagt, das darf nicht überhastet geschehen, sonst kann es passieren, dass hier nur Floskeln stehen, die kein Stück weiterhelfen. In dem Wort Erforderliches stecken Begriffe wie Aufgaben und Maßnahmen. Es geht also darum, dass Sie jetzt Erforderlichkeiten be-stimmen, von denen Sie überzeugt sind, dass sie Sie in Ihrem Vorhaben unterstützen. Dabei gibt es zwei Regeln zu beachten. Zunächst muss also klar sein, welche Erforderlichkeit (auch Maßnahme oder Aufgabe) jetzt weiterhilft und auch real umsetzbar ist. Wenn das bewusst ist, beginnen Sie, die Maßnahme zu be-schreiben. Um das genauer zu betrachten, nutzen wir die Beispiele Grundsätzliches und Tatsächliches von oben.

Grundsätzliches: Mein Ziel ist, dass mich meine Zuhörer als Redner akzeptieren, so wie ich bin, mit allen meinen Eigenschaften und Fähigkeiten. Besonders will ich mit meiner Praxiserfahrung und der damit verbundenen einfachen Ausdrucksweise meine Zuhörer begeistern.

Tatsächliches: Meinen letzten Vortrag fand ich persönlich recht gut, aber dann kamen die Fragen und die haben mich sehr oft aus dem Tritt gebracht, besonders dann, wenn ich keine schnellen Antworten parat hatte. Dabei wurde ich teilweise sehr schwammig in meinen Aussagen und wurde immer unsicherer.

Bevor Sie also die Maßnahmen beschließen, halten Sie die Schritte Grundsätzliches und Tatsächliches nebeneinander. Hier ist die Anwendung von Reflexionsfragen sehr sinnvoll, damit klar wird, welche Maßnahmen wirklich wichtig sind.

Reflexionsfrage 1:
Welche Abweichung, Widersprüchlichkeit und Diskrepanz gibt es zwischen den Schritten Grundsätzliches und Tatsächliches?

Antwort zum Beispiel: Während des Vortrags war eine Akzeptanz da, denn ich hatte ein gutes Gefühl und war sehr sicher. Erst bei der Fragerunde kam ich ins Straucheln.

Reflexionsfrage 2:
Was hat mich aus dem Tritt gebracht – die Fragen oder die Tatsache, dass ich damit nicht zurecht kam?

Antwort zum Beispiel: Ich hatte das Gefühl mehr in einer Prüf- und Testsituation zu sein oder dass ich aus der Reserve gelockt werden sollte, warum auch immer! Ziehe ich hier ein Resümee, ergibt sich ein sehr konkretes Bild.

1. Sie hatten zunächst ein Erfolgserlebnis, denn der Vortrag war gut, Sie fühlten sich wohl und sicher.
2. Sie wissen jetzt, dass Ihr Vortragsstil Ihrem Wunsch (Grundsätzliches) sehr nahe kommt und das bedeutet – weiter so.
3. Sie wissen aber auch, dass Ihr Problem in der direkten dialogischen Konfrontation nach dem Vortrag liegt.
4. Vordergründig ist Ihr Problem zunächst ein Gefühl und eine Denkweise, nämlich, dass Sie sich vorstellen, geprüft zu werden.

Aus diesen Fakten werden jetzt die Maßnahmen beschlossen. Die jetzt aufgeführten Maßnahmen sind Beispiele, die als Lehransatz zu verstehen sind, das heißt, jeder Anwender wird andere Schlüsse ziehen. Aus Erfahrung weiß ich auch, dass diese dann noch konkreter und genauer sind.

So etwa könnte Ihre Notiz aussehen

be-stimmen

a. Ich betrachte meinen Vortrag genau und schaue, welche Passagen mir besonders viel Sicherheit gegeben haben. Diese nutze ich, um Fragen und Antworten zu üben.
b. Ich überdenke meine Einstellung zu meinen Zuhörern. Wie will ich sie in Zukunft sehen, auch trotz oder wegen meiner schlechten Erfahrung.
c. Ich übe die „Genau-Fragen", um klarzustellen, dass ich mich nicht testen lasse, und um Sicherheit und Souveränität zu erlangen.

So etwa könnte Ihre Notiz aussehen (Fortsetzung)

d. Um in der Frage- und Antwortsituation mehr Sicherheit zu bekommen, werde ich trainieren, meine Fähigkeiten wie zum Beispiel Praxisbeispiele, einfache Wortwahl und gute Beschreibungen stärker zu nutzen und Übung darin zu bekommen.

e. Ich bereite mich in Zukunft auf die Fragerunde genauer vor und suche auf mögliche Einwände und Fragen gute praxisorientierte Beispiele für meine Antworten Dabei überprüfe ich auch, welche Fragen ich mit Hilfe meiner Redestruktur beantworten kann – zum Beispiel Verweis auf die jeweilige Passage.

f. Die nächste Fragerunde werde ich zeitlich begrenzen und mit einer Struktur führen.

Die Maßnahmen sind nun formuliert und damit die Umsetzung auch klappt, wird im nächsten Schritt „Mögliches" erkundet, welche Möglichkeiten es gibt, die Maßnahmen auch in der Praxis umzusetzen. Mit dem Weg der kleinen Schritte ist zunächst Geduld gefordert.

Schritt 4: Mögliches

Der letzte Schritt ist erreicht und jetzt geht es darum, für Ihre Maßnahmen reale Bedingungen zu schaffen, damit die Umsetzung auch stattfinden kann und nicht als frommer Wunsch verstaubt. Damit es also keine Wünsch-dir-was-Veranstaltung wird, werden jetzt die Maßnahmen (Erforderliches) nach Eignung und Sinnhaftigkeit überprüft und gefestigt.

Reflexionsfragen:

- Sind die Maßnahmen auch wirklich real umsetzbar?
- Bin ich davon überzeugt, dass ich das auch leisten kann und will (Erforderliches)?

Um die Bedeutung dieses Schrittes zu veranschaulichen, habe ich im letzten Abschnitt (Erforderliches) eine Maßnahme untergemischt, die sich nicht zur realen Umsetzung eignet. Betrachten Sie nämlich die sechs formulierten Maßnahmen genau, werden Sie erkennen, dass gerade die letzte eine nur scheinbar sinnvolle Maßnahme ist (Maßnahme f. Die nächste Fragerunde werde ich zeitlich begrenzen und mit einer Struktur führen).

Die böse Schwester der Erwartung ist die Enttäuschung!

Das klingt zunächst vernünftig, ist aber eine Mogelpackung. Warum? Ob fünf Minuten oder zwanzig Minuten, das Problem war generell die Unsicherheit in der Fragerunde. Dabei ist unerheblich, wie lange diese dauert, abgesehen von dem Stress und der Qual. Selbst wenn Sie die Zeit verkürzen würden, dadurch wird die Unsicherheit nicht behoben. Sie erinnern sich noch: „Die Kunst des Eliminierens“ (Seite 69). Jetzt ist der Fall eingetreten und Sie haben sich einer Illusion entledigt!

Nur echte Chancen nutzen.

Beim Möglichen geht es also um Chancenauswertung und Chancennutzung, weil wir ja zwei Möglichkeitsebenen betrachten:

- M1 = Welche Möglichkeiten habe ich – Hilfe + Unterstützung.

- M2 = Welche Möglichkeiten bieten sich mir konkret meine Ziele umzusetzen.

M1: Zunächst die Frage: Was kann ich selbst und wie setze ich das um?

Hierbei eignen sich die Maßnahmen a., b. und c. aus unserem Beispiel „Erforderliches" sehr gut. Alle drei Maßnahmen können Sie selbst und in eigener Regie üben. Als Beispiel soll die Maßnahme c. dienen:

So etwa könnte Ihre Notiz aussehen

be-greifen

- Ich übe die „Genau-Fragen", um klarzustellen, dass ich mich nicht testen lasse, und um Sicherheit und Souveränität zu erlangen.

Formulierungsbeispiel für Mögliches:

- Immer wenn ich mit einer Aussage konfrontiert werde (auch privat), bei der mir eine spontane Antwort schwerfällt, hinterfrage ich diese:

Einige Beispiele zur Übung

Aussage: „Das ist doch Unsinn!"

FRAGE: Was genau ist an meiner Ausführung jetzt unsinnig gewesen?

Aussage: „Glauben Sie das wirklich?"

FRAGE: Was genau lässt Sie daran zweifeln, dass ich von meiner Ausführung nicht überzeugt bin?

Sie haben eine Erkenntnis, eine Maßnahme und wissen auch, wie Sie diese üben können. Wenn das nicht Selbstsicherheit schafft!

Es gibt aber auch Maßnahme, die Unterstützung und Hilfe benötigen. Als Beispiel soll hier die Maßnahme d. (aus Erforderliches) dienen:

So etwa könnte Ihre Notiz aussehen

Um in der Frage- und Antwortsituation mehr Sicherheit zu bekommen, werde ich trainieren meine Fähigkeiten, wie zum Beispiel Praxisbeispiele, einfache Wortwahl und gute Beschreibungen stärker zu nutzen und Übung darin zu bekommen

Formulierungsbeispiel für Mögliches:

- be-gegnen
  Ich übe die Fragen- und Antwortsituationen mit meinen Freunden und/oder Kollegen. Dazu werde ich Kollegen befragen und bitte mir aus ihrer Erfahrung zu berichten, welche Fragen gestellt werden könnten.

Die Reflexionsaussage

Ist das für mich vorstellbar (realistisch)?

M2 :

Hier formulieren Sie konkrete Zeitfenster und Aktiva.

Gratulation, Sie haben die NOTIZBUCHSTRATEGIE kennengelernt und wissen jetzt, wie Sie in Zukunft Ihre Vorhaben angehen und letztendlich umsetzen können.

Vergessen Sie nicht Ihr kleines Notizbuch oder Sudelbuch zu pflegen. Haben Sie es immer dabei und schreiben Sie alles auf, was Sie an Einfällen, Gedanken und Ideen haben oder an Impulsen bekommen. So werden Sie neue Themen finden und Lust daran gewinnen, auch diese anzugehen.

7. Schlußwort

Sicher haben Sie längst bemerkt, dass ich ein wenig aus dem Nähkästchen geplaudert habe und dieses Buch auch zu einem großen Teil meine Geschichte ist. Ich bedanke mich deshalb auch für Ihre Geduld und Aufmerksamkeit und wünsche Ihnen viel Erfolg bei der Anwendung der NOTIZBUCH-STRATEGIE.

Vielleicht lernen wir uns einmal auf einer Vortrags- oder Seminarreise von mir persönlich kennen, ich heiße Sie jetzt schon herzlich willkommen.

Ihr

Bücher für Ihren Erfolg

Marketing/Online-Marketing

Neu 2009

Christian Kalkbrenner
High-Speed-Marketing
248 Seiten • 24,80 Euro
ISBN 978-3-938358-98-6
Art.-Nr. 804

Neu 2009

Wolfgang Hünnekens
Die Ich-Sender
156 Seiten • 17,90 Euro
ISBN 978-3-86980-005-9
Art.-Nr. 808

Topseller

Thomas Kilian
Der Igel-Faktor
256 Seiten • 24,80 Euro
ISBN 978-3-938358-86-3
Art.-Nr. 768

Topseller

Anne M. Schüller
Zunkunftstrend Empfehlungsmarketing
3. Auflage
135 Seiten • 21,80 Euro
ISBN 978-3-938358-63-4
Art.-Nr. 753

Neu 2009

Busch • Kastner • Vaih-Baur
Die Kunst der Markenführung
174 Seiten • 17,90 Euro
ISBN 978-3-934424-81-4
Art.-Nr. 603

Neu 2009

Thomas Kaiser
Top-Platzierungen bei Google & Co.
127 Seiten • 21,80 Euro
ISBN 978-3-938358-49-8
Art.-Nr. 810

Claudia Hilker
WOW-Marketing – Kleines Budget und große Wirkung
110 Seiten • 21,80 Euro
ISBN 978-3-938358-57-3
Art.-Nr. 712

Kalkbrenner • Lagerbauer
Der Bambus-Code – Schneller wachsen als die Konkurrenz
116 Seiten • 21,80 Euro
ISBN 978-3-938358-75-7
Art.-Nr. 755

Frank Reese
Web Analytics – Damit aus Traffic Umsatz wird
2. Auflage
287 Seiten • 34,90 Euro
ISBN 978-3-938358-71-9
Art.-Nr. 693

Update Your Knowledge!